JN289331

元素の

族 周期	1	2	3	4	5	6	7	8	9
1	1.008 ₁H 水素 気体								
2	6.941 ₃Li リチウム 固体	9.012 ₄Be ベリリウム 固体							
3	22.99 ₁₁Na ナトリウム 固体	24.31 ₁₂Mg マグネシウム 固体							
4	39.10 ₁₉K カリウム 固体	40.08 ₂₀Ca カルシウム 固体	44.96 ₂₁Sc スカンジウム 固体	47.87 ₂₂Ti チタン 固体	50.94 ₂₃V バナジウム 固体	52.00 ₂₄Cr クロム 固体	54.94 ₂₅Mn マンガン 固体	55.85 ₂₆Fe 鉄 固体	58.93 ₂₇Co コバルト 固体
5	85.47 ₃₇Rb ルビジウム 固体	87.62 ₃₈Sr ストロンチウム 固体	88.91 ₃₉Y イットリウム 固体	91.22 ₄₀Zr ジルコニウム 固体	92.91 ₄₁Nb ニオブ 固体	95.96 ₄₂Mo モリブデン 固体	(99) ₄₃Tc テクネチウム 固体	101.1 ₄₄Ru ルテニウム 固体	102.9 ₄₅Rh ロジウム 固体
6	132.9 ₅₅Cs セシウム 固体	137.3 ₅₆Ba バリウム 固体	57〜71 ランタノイド	178.5 ₇₂Hf ハフニウム 固体	180.9 ₇₃Ta タンタル 固体	183.8 ₇₄W タングステン 固体	186.2 ₇₅Re レニウム 固体	190.2 ₇₆Os オスミウム 固体	192.2 ₇₇Ir イリジウム 固体
7	(223) ₈₇Fr フランシウム 固体	(226) ₈₈Ra ラジウム 固体	89〜103 アクチノイド	(267) ₁₀₄Rf ラザホージウム	(268) ₁₀₅Db ドブニウム	(271) ₁₀₆Sg シーボーギウム	(272) ₁₀₇Bh ボーリウム	(277) ₁₀₈Hs ハッシウム	(276) ₁₀₉Mt マイトネリウム

凡例:
- 原子量: 12.01
- 原子番号: 6
- 元素記号: C
- 元素名: 炭素
- 常温常圧での状態: 固体
- □ は典型元素
- ■ は遷移元素

ランタノイド:
| 138.9 ₅₇La ランタン 固体 | 140.1 ₅₈Ce セリウム 固体 | 140.9 ₅₉Pr プラセオジム 固体 | 144.2 ₆₀Nd ネオジム 固体 | (145) ₆₁Pm プロメチウム 固体 | 150.4 ₆₂Sm サマリウム 固体 |

アクチノイド:
| (227) ₈₉Ac アクチニウム 固体 | 232.0 ₉₀Th トリウム 固体 | 231.0 ₉₁Pa プロトアクチニウム 固体 | 238.0 ₉₂U ウラン 固体 | (237) ₉₃Np ネプツニウム 固体 | (239) ₉₄Pu プルトニウム 固体 |

a) ここに示した原子量は，各元素の詳しい原子量の値を有効数字4桁に四捨五入してつくったもので，IUPAC原子量委員会で承認されたものである．安定同位体がなく，同位体の天然存在比が一定しない元素は，その元素の代表的な同位体の質量数を（ ）の中に示してある．

周期表

10	11	12	13	14	15	16	17	18	族\周期
								4.003 $_2$He ヘリウム 気体	1
			10.81 $_5$B ホウ素 固体	12.01 $_6$C 炭素 固体	14.01 $_7$N 窒素 気体	16.00 $_8$O 酸素 気体	19.00 $_9$F フッ素 気体	20.18 $_{10}$Ne ネオン 気体	2
			26.98 $_{13}$Al アルミニウム 固体	28.09 $_{14}$Si ケイ素 固体	30.97 $_{15}$P リン 固体	32.07 $_{16}$S 硫黄 固体	35.45 $_{17}$Cl 塩素 気体	39.95 $_{18}$Ar アルゴン 気体	3
58.69 $_{28}$Ni ニッケル 固体	63.55 $_{29}$Cu 銅 固体	65.38 $_{30}$Zn 亜鉛 固体	69.72 $_{31}$Ga ガリウム 固体	72.64 $_{32}$Ge ゲルマニウム 固体	74.92 $_{33}$As ヒ素 固体	78.96 $_{34}$Se セレン 固体	79.90 $_{35}$Br 臭素 液体	83.80 $_{36}$Kr クリプトン 気体	4
106.4 $_{46}$Pd パラジウム 固体	107.9 $_{47}$Ag 銀 固体	112.4 $_{48}$Cd カドミウム 固体	114.8 $_{49}$In インジウム 固体	118.7 $_{50}$Sn スズ 固体	121.8 $_{51}$Sb アンチモン 固体	127.6 $_{52}$Te テルル 固体	126.9 $_{53}$I ヨウ素 固体	131.3 $_{54}$Xe キセノン 気体	5
195.1 $_{78}$Pt 白金 固体	197.0 $_{79}$Au 金 固体	200.6 $_{80}$Hg 水銀 液体	204.4 $_{81}$Tl タリウム 固体	207.2 $_{82}$Pb 鉛 固体	209.0 $_{83}$Bi ビスマス 固体	(210) $_{84}$Po ポロニウム 固体	(210) $_{85}$At アスタチン 固体	(222) $_{86}$Rn ラドン 気体	6
(281) $_{110}$Ds ダームスタチウム 固体	(280) $_{111}$Rg レントゲニウム 固体	(285) $_{112}$Cn コペルニシウム	(286) $_{113}$Uut	(289) $_{114}$Fl フレロビウム	(289) $_{115}$Uup	(293) $_{116}$Lv リバモリウム	(294) $_{117}$Uus	(294) $_{118}$Uuo	7
152.0 $_{63}$Eu ユウロピウム 固体	157.3 $_{64}$Gd ガドリニウム 固体	158.9 $_{65}$Tb テルビウム 固体	162.5 $_{66}$Dy ジスプロシウム 固体	164.9 $_{67}$Ho ホルミウム 固体	167.3 $_{68}$Er エルビウム 固体	168.9 $_{69}$Tm ツリウム 固体	173.1 $_{70}$Yb イッテルビウム 固体	175.0 $_{71}$Lu ルテチウム 固体	ランタノイド
(243) $_{95}$Am アメリシウム 固体	(247) $_{96}$Cm キュリウム 固体	(247) $_{97}$Bk バークリウム	(252) $_{98}$Cf カリホルニウム	(252) $_{99}$Es アインスタイニウム	(257) $_{100}$Fm フェルミウム	(258) $_{101}$Md メンデレビウム	(259) $_{102}$No ノーベリウム	(262) $_{103}$Lr ローレンシウム 固体	アクチノイド

□ は金属元素
■ は非金属元素

ベーシック
物理化学

原 公彦・米谷紀嗣・藤村 陽 著

化学同人

まえがき

　私たちが自然を理解しようとするとき，自然界の仕組みや営みは決して単純なものでないことに気づくであろう．化学は「物質」がキーワードである．物質について学ぶとき，現実に存在するいろいろな物質は複雑で，さまざまな構造や物性をもち，さまざまな変化をする．そのためしばしば，化学は個別的・各論的なことが多くて，覚えることが多いといわれる．しかし，よく調べてみると，本来深い結びつきがあるにもかかわらず，系統的に取り扱われていない場合が見受けられる．

　化学の基礎としての物理化学は，物質の普遍的で基本的な原理について学ぶものであるといえよう．そこでは物質の構造と物性，そして物質の変化（反応）が三つの大きな柱となっている．

　ある単純な系を基準としたり，また個々の物質によらない理想化されたモデルに基づいた理論を組み立てて，そこからどの程度ずれているかということを基にして定量化し，実在の物質を理解する．このような手法はしばしば物理化学で用いられる．たとえば，分子の集まりとしての気体について，大きさや分子間相互作用のないものを理想気体として，これを基にして実在気体を定量的に理解するのである．

　化学の分野でも，大学一，二学年の教育はいかにあるべきかの問いは避けられない．日本の研究レベルや科学技術レベルを維持するためにも，基礎学力の低下は許されないであろう．このようなことをふまえて，本書は大学理工系学部の一，二学年を対象とした「化学」や「物理化学」の新たな教科書として，あるいはまた，本格的な物理化学を学ぶ前の入門的なテキストとして書かれたものである．執筆にあたって，物理化学のすべての領域を一様に網羅することではなく，物質に共通した基本的な仕組みやさまざまな事項の繋がりに力点を置いて全体の見通しをよくし，初心者が理解しやすいように心がけた．また，数学的な表現をできるだけ少なくして，平易な説明にするように努めた．本書をとおして，大学で新たに化学を学ぶ学

生諸君が，繋がりをもって化学が理解できることに目覚め，さらにまた本格的に物理化学を学びたいという興味を引きだすことになれば，筆者らの大きな喜びである．

執筆は，序章と 1～7 章を原，8～10 章を米谷，11～14 章を藤村が担当した．本書の執筆にあたって多くの著書を参考にさせていただいた．それぞれの著者の方々に対して心からお礼申し上げたい．また，本書の刊行にあたって化学同人編集部の稲見國男氏と山田歩氏に大変お世話になった．心から感謝申し上げる．

　平成 20 年 9 月

著者を代表して
原　公彦

目 次

序章 物質のしくみ　　　　　　　　　　　　　　　　　　　　　　　　　原　公彦　*1*

1. ミクロの世界からマクロの世界へ … 1
2. 物理変化と化学変化 …………………… 5
   章末問題 ………………………………… 9

コラム　ダイヤモンドはどうやってできるか　　10

I 部　原子の構造　　　　　　　　　　　　　　　　原　公彦

1 章　原子のなかの電子　　　　　　　　　　　　　　　　　　　　　*11*

1.1　原子の構造を決めた実験 ……… 11
　1.1.1　ラザフォードの散乱実験　11
　1.1.2　原子のスペクトル　13
1.2　ボーアの水素原子モデル ……… 15
1.3　電子の粒子性と波動性 ………… 18
　1.3.1　物質波　18
　1.3.2　不確定性原理　20
　章末問題 ………………………………… 21
コラム　シンクロトロン放射光　　22

2 章　電子の運動方程式　　　　　　　　　　　　　　　　　　　　　*23*

2.1　波動方程式と波動関数 ………… 23
　2.1.1　シュレーディンガー方程式　23
　2.1.2　波動関数の性質と確率密度　25
2.2　箱のなかの電子の運動 ………… 26
2.3　水素原子の電子状態 …………… 28
2.4　多電子原子の電子状態 ………… 32
　2.4.1　多電子原子のエネルギー準位と構成原理　32
　2.4.2　電子配置と周期律　34
　2.4.3　イオン化エネルギーと電子親和力　35
　章末問題 ………………………………… 36

3 章　共有結合と分子　　　　　　　　　　　　　　　　　　　　　*37*

3.1　原子から分子へ ………………… 37
　3.1.1　共有結合　37
　3.1.2　水素分子　40
3.2　二原子分子 ……………………… 43
　3.2.1　等核二原子分子　43
　3.2.2　異核二原子分子　46
3.3　その他の多原子分子 …………… 47
　章末問題 ………………………………… 50

4章　結合のイオン性と分子間に働く力 ……… 51

- 4.1　イオン結合 …………… 51
- 4.2　分子間相互作用 ………… 55
  - 4.2.1　ファンデルワールス力　55
- 4.2.2　水素結合　59
- 4.3　結合距離と結合エネルギー …… 61
- 章末問題 …………………… 62

II部　分子の集団　　原　公彦

5章　分子の集団 ……………………… 63

- 5.1　理想気体の状態方程式 ……… 63
- 5.2　理想気体の分子運動 ………… 65
  - 5.2.1　気体分子運動のモデル　65
  - 5.2.2　分子の運動エネルギー　67
- 5.3　実在気体の状態方程式 ……… 69
  - 5.3.1　ファンデルワールス状態方程式　70
  - 5.3.2　ビリアル状態方程式　72
- 章末問題 …………………… 72

6章　気体のなかの分子運動 …………… 73

- 6.1　分子の衝突 …………… 73
- 6.2　運動の自由度とエネルギーの分類 …… 75
- 6.3　振動，回転，並進のエネルギー …… 78
  - 6.3.1　分子の振動エネルギー　78
  - 6.3.2　分子の回転エネルギー　81
  - 6.3.3　分子の並進エネルギー　82
  - 6.3.4　量子化エネルギーの間隔　83
- 章末問題 …………………… 84

7章　分子のエネルギー分布 …………… 85

- 7.1　分子の速度分布 ………… 85
- 7.2　ボルツマン分布 ………… 87
- 7.3　分配関数 ……………… 89
  - 7.3.1　分配関数の意味とその温度依存性　89
  - 7.3.2　分子集団の並進エネルギー　91
- 章末問題 …………………… 93
- コラム　レーザー　94

III部　物質の熱的性質とエネルギー　　米谷　紀嗣

8章　物質の熱的性質とエネルギー……………………95

- 8.1　熱と仕事…………………… 95
- 8.2　熱力学第一法則…………… 96
  - 8.2.1　熱力学第一法則とエンタルピー　96
  - 8.2.2　熱容量　99
- 8.3　化学反応とエンタルピー……… 101
- 章末問題 …………………………… 105
- コラム　マイクロ波と電子レンジ　106

9章　物質の熱的性質とエントロピー……………………107

- 9.1　熱力学第二法則…………… 107
  - 9.1.1　クラウジウスとトムソンによる表現　107
  - 9.1.2　自発的な変化の方向とエントロピー　109
  - 9.1.3　熱力学第三法則と標準エントロピー　112
- 9.2　カルノーサイクル…………… 114
- 章末問題 …………………………… 116
- コラム　鉄の酸化反応
  ——使い捨てカイロ——　117

10章　物質の自由エネルギーと化学平衡……………………119

- 10.1　ギブズ自由エネルギー……… 119
  - 10.1.1　自由エネルギー変化と自発過程の方向　119
  - 10.1.2　ギブズ自由エネルギーの圧力依存性　123
- 10.2　自由エネルギーと化学平衡… 124
- 章末問題 …………………………… 127
- コラム　"ナイロン(Nylon)"の真意　128

IV部　化学反応　　藤村　陽

11章　化学反応の速度……………………129

- 11.1　反応速度…………………… 129
- 11.2　素反応と複合反応………… 131
- 11.3　反応速度定数と反応次数… 133
- 11.4　反応次数と素反応の機構… 136
  - 11.4.1　ゼロ次反応　136
  - 11.4.2　一次反応　137
  - 11.4.3　二次反応　140
- 章末問題 …………………………… 143

12章　反応速度の理論 ……………………………………… *145*

- 12.1 アレニウスの式 ……………… 145
  - 12.1.1 反応速度の温度依存性 145
  - 12.1.2 活性化エネルギーと頻度因子の意味 146
- 12.2 衝突理論 ……………………… 148
  - 12.2.1 単純な衝突理論 148
  - 12.2.2 活性化障壁による反応確率を考慮した衝突理論 149
  - 12.2.3 立体因子 152
- 12.3 遷移状態理論 ………………… 153
- 12.4 化学反応のポテンシャルエネルギー曲面 … 156
- 章末問題 …………………………… 158

13章　複合反応 …………………………………………… *159*

- 13.1 可逆反応 ……………………… 159
- 13.2 並列反応 ……………………… 162
- 13.3 逐次反応 ……………………… 164
- 13.4 定常状態近似 ………………… 167
- 13.5 可逆反応と逐次反応からなる複合反応 ………………… 169
- 章末問題 …………………………… 171
- コラム "メタンハイドレート"に託す夢 172

14章　さまざまな化学反応 ……………………………… *173*

- 14.1 光化学反応 …………………… 173
- 14.2 触媒反応 ……………………… 176
  - 14.2.1 触媒 176
  - 14.2.2 酵素触媒反応 179
- 14.3 連鎖反応 ……………………… 182
- 14.4 単分子反応機構 ……………… 183
- 14.5 溶液中の化学反応 …………… 186
- 章末問題 …………………………… 188

付録 …………………………………… 189
章末問題の略解 ……………………… 191
索引 …………………………………… 195

序　物質のしくみ

私たちの身のまわりにある物質はどのようなしくみになっているのだろうか？　なぜそのようなしくみになっていて，どのように変化するのだろうか？　物質についてのこのようなさまざまな疑問に答えることが，まさに物理化学で学ぶことなのである．物質の構造，物質の性質，そして物質の変化（反応）を明らかにすることが物理化学における三つの大きな要素となっている．

1.　ミクロの世界からマクロの世界へ

すべての物質は，原子からできている．そして，その原子もまた大きさと内部構造をもっていて，電子と原子核からできている．さらに原子核は，陽子と中性子からなる構造をもち，陽子や中性子はクオークと呼ばれる素粒子からなる内部構造をもっていることがわかっている．図1は，ミクロ（microscopic；微視的）な世界からマクロ（macroscopic；巨視的）な物質がつくられる道すじを表し

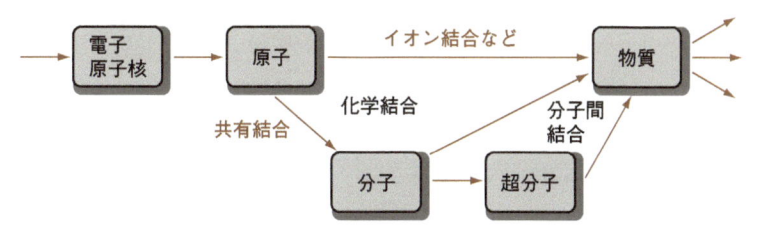

図1　自然の階層構造

たもので，**自然の階層構造**（hierarchy）といわれる．

このような自然のいろいろな階層構造はどのようにしてつくられたのだろうか？　時間の経過とともに，ミクロな階層からマクロな階層へ，そして単純なものから複雑で精密なものへと，それぞれの階層が一つずつ順につくられたと考えるのが合理的であろう．それではどこがその始まりなのだろうか？　という疑問がわいてくる．

宇宙は全体として膨張していることがわかっていて，その膨張速度から逆算して，今から100〜200億年前に宇宙は一点に集中していたと推定されている．そして，宇宙の始まりとして，途方もなく高い密度のものが突然爆発を起こしたとされる．これが，ガモフ（G. Gamow）が提唱した「ビッグバン（大爆発）理論」である．ビッグバンの直後は，宇宙は非常に高温で，クオークや電子だけの世界であった．膨張が進むとともに次第に温度は低下して，10^4分の1秒後に陽子や中性子，そして数分後にはヘリウムや水素という小さな原子が生まれたと推定されている．さらに1〜10億年もたつと，物質がかたまって，星や銀河が出現する．星の内部では，核融合反応[1]によって，水素とヘリウムから炭素や酸素をはじめ，原子番号26の鉄までの原子が新たにつくられたとされている（図2）．そして現在では，100種類以上の元素の存在が知られている．

1) 原子どうしが融合して，より重い原子核を生成することをいう．鉄より軽い原子核では，融合することによって比較的大きなエネルギーを放出する．これに対して，より重い原子核では，核分裂反応によって大きなエネルギーを放出する．

^{4}He + ^{4}He + ^{4}He ⟶ ^{12}C
（ヘリウム）　　　　　　　　　　（炭素）

^{12}C + ^{4}He ⟶ ^{16}O
　　　　　　　　　　　　（酸素）

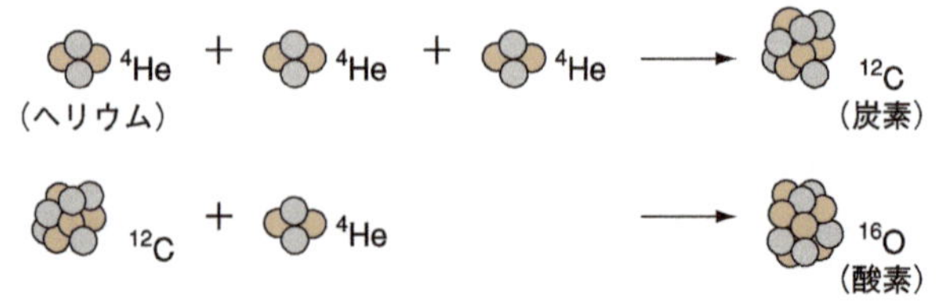

図2　重い原子を生みだす核融合反応

このように宇宙に散りばめられたさまざまな原子からマクロな物質がつくられるときに，二つの道すじが存在する．一つは，多数の原子を直接つないでいって，そのままマクロな物質をつくってしまう方式である．金属のように原子が集まってそのなかを電子が自由に動けるようになっている場合や，食塩の結晶のように多数の単原子イオンが結ばれてマクロな物質をつくる場合がこれに含まれる．この道すじは多くの無機物質に固有のものである．これに対しても

う一つの道すじは，そう多くない原子が結びついて，いったん分子という独自のふるまいをする安定な構成単位をつくり，これに続いて，多数の分子が結びついてマクロな物質をつくりあげる方式である．たとえば，水は2個の水素原子（H）と1個の酸素原子（O）が結合してつくられた水分子（H_2O）が寄り集まってできている．また，砂糖はショ糖（スクロース）分子が寄り集まった物質であるが，水に溶かすと一分子ずつばらばらになり，水分子と均一に混ざり合って固有のふるまいをする．このような分子をつくる道すじは，有機物質で圧倒的に多く見られる．

さらに，10～100個の分子が集まってできたナノメートル（nm，10^{-9} m）ぐらいの大きさの物質で，特異的な構造や機能をもっているものがある．これは**超分子**（supermolecule，または supramolecule，あるいはナノ粒子 nanoparticle）と呼ばれて，分子の上にくる構成単位とみなされる場合がある．分子化合物，クラスター，分子結晶，包接化合物，ミセル，液晶などの言葉を耳にしたことがあるかもしれない．さらに炭素の単体として，サッカーボール状の構造をしたフラーレン（C_{60}）や，筒状の構造をしたカーボンナノチューブなどがある（図3）．フラーレンのかごのなかにカリウムやルビジウムなどのアルカリ金属をとじ込めた金属内包フラーレンや，金属をドープ（内包）したフラーレンは金属的な伝導性や超伝導など特異的な物性を示し，興味の対象となっている．またカーボンナノチューブでは，これをワイヤとして用いることができれば非常に小さな回路をつくることができるため，その伝導性に興味がもたれている．

小さな構成単位が集まって，もとのものとは質の異なった安定なものがつくられるためには，それぞれの階層ごとに，小さなものど

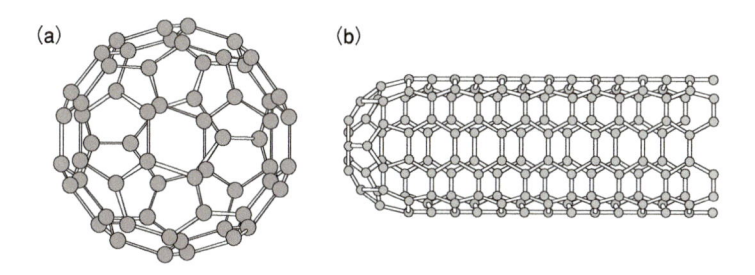

図3 フラーレン（a）とカーボンナノチューブの先端（b）

2) 3個のクオークを結びつけて，陽子（uud）や中性子（udd）を生みだす"強い核力（カラー力）"と，陽子と中性子を結びつけて原子核を生みだす"弱い核力"がある．

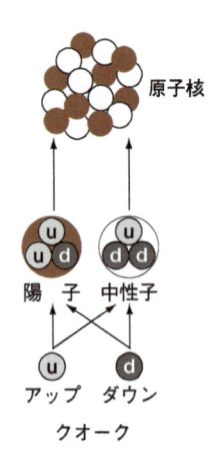

うしを結びつけるための何らかの引き合う力が作用しなければならない．この力は，それぞれの階層ごとに強さや性質が異なっている．3個のクオークが，カラー力とも呼ばれる"強い核力"で結びつけられて陽子や中性子が形成され，さらに陽子と中性子は"弱い核力"によって結びつけられて原子核を形成する[2]．原子核の正電荷と電子の負電荷は，クーロン力によって結びつけられて原子を形成する．そして，このような原子や分子からマクロな物質の世界へ導くための橋渡しとなる結合は，原子やイオンの結合である化学結合と，分子どうしの結合である分子間相互作用に区別され，それらの結合の強さはそれぞれ，結合エネルギーと相互作用エネルギーとして表現される．

　原子から分子が形成されるとき，原子どうしは共有結合という強い化学結合で結びついてつくられる．たとえば，水素—水素の共有結合の結合エネルギーは 432 kJ/mol である．他にも有機物分子では，炭素—炭素の共有結合が主要な役割を果たしている．それに対して分子どうしの相互作用は，化学結合と対比させて物理結合といわれることもあるが，この結合エネルギーは共有結合の数百分の1にもおよぶ小さな値である（図4）．共有結合と分子間相互作用については，それぞれ3章と4章で学ぶ．

　ここで注目してほしいのは，化学結合にしても分子間相互作用にしても，その根源はすべて，電子の組換えや電子の電荷分布の状態，

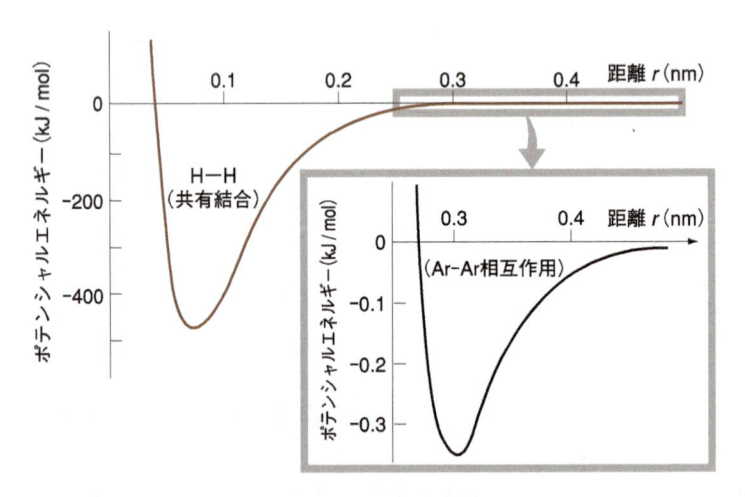

図4　化学結合（共有結合）と分子間（または原子間）相互作用

すなわち原子や分子のなかの電子の状態が大きく関与していることである．

2. 物理変化と化学変化

物質には，気体（gas），液体（liquid），固体（solid）という三つの状態が存在する[3]．これを**物質の三態**（three states of diagram）という．一つの物質について，温度や圧力によってこれらの状態は互いに変化する．図5に物質の三態（気体，液体，固体）の構造を示す．一つの例として，図6は温度と圧力に対して水がどのような状態で存在するかを示すもので，これを水の**状態図**（あるいは相図，phase diagram）という．圧力1気圧[4]で室温から温度を下げていくと，液体の水は凝固点 **A**（0℃ = 273.15 K）で，固体の水（氷）へ変化する．一方，室温から温度を上げていくと，水は沸点 **B**（100℃）で沸騰して気体（水蒸気）へ変化する．このような変化を**相転移**（phase transition）という．図の曲線は二つの状態間の境界線で，この曲線上では平衡状態になっていて，二つの状態が共存する．

物質のある一つの状態が安定に存在するということは，その状態

[3] これを相（phase）ともいい，三つの相を気相，液相，固相ともいう．

[4] 圧力のSI単位はパスカル（Pa）である．ただし，パスカルは桁数が大きいのでバール（bar）も補助単位として許されている．
 1気圧(atm) = 1.013×10^5 Pa
 = 1.013 bar

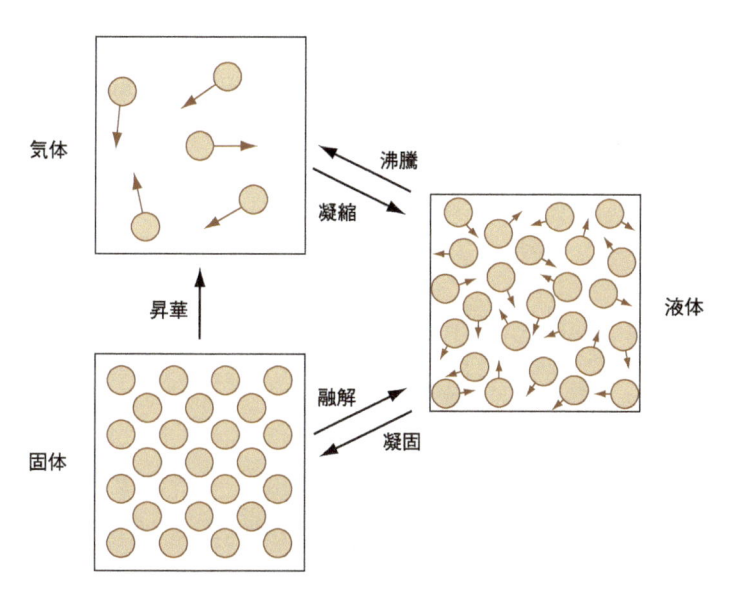

図5 物質の三態（気体，液体，固体）の構造

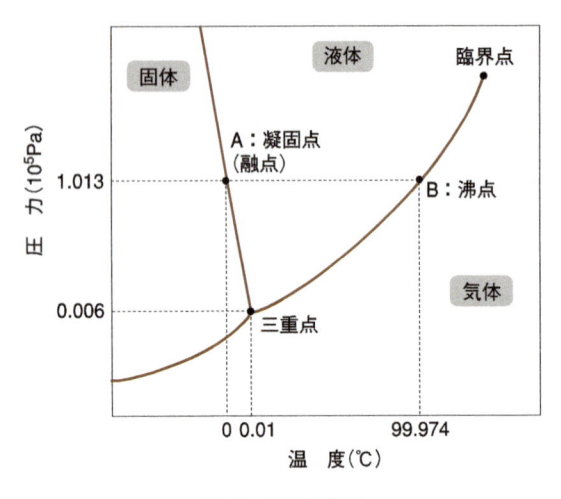

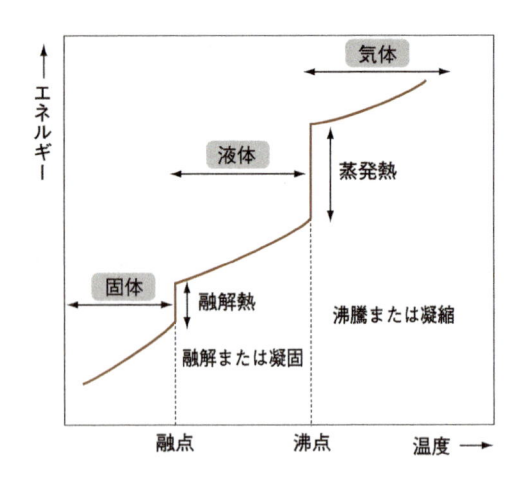

図6　水の状態図

図7　物質のエネルギーと温度

がもっている固有のエネルギーの総量が，比較の対象とされた状態がもっているエネルギーの総量よりも小さいことを意味する．熱力学では自由エネルギーという量を定義して，この変化によって物質の安定度や変化が進む方向を判定することになる（10章）．気体状態から温度を低くしていくと，原子や分子がばらばらに散らばって激しく動きまわっていた状態から，原子や分子が寄り集まった液体状態や固体状態へと相転移する（図7）．あらゆる物質系において，液体のエネルギーは気体のエネルギーより小さく，固体のエネルギーは液体のエネルギーより小さいといえる．外界から物質に加えられた熱エネルギーは，融解熱や気化熱や蒸発熱など，相転移にと

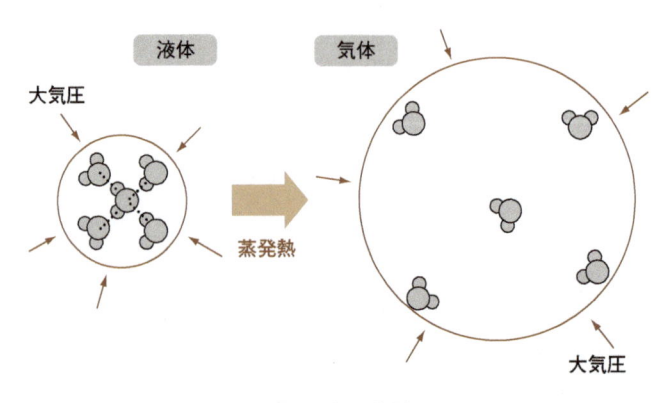

図8　水の蒸発

もなう分子の運動状態の変化のためのエネルギーと膨張による仕事になっている．図8は水の蒸発にともなう変化を表している．

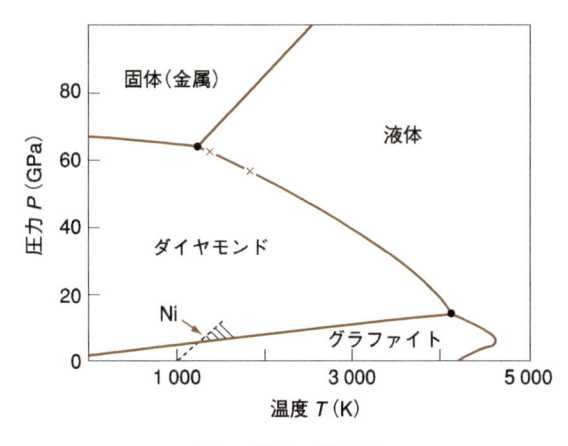

図9 炭素の状態図

図9は炭素の状態図である．炭素にはグラファイトとダイヤモンドという二つの異なる結晶構造をもった固体状態が存在する（図10）．この状態図をみると，ダイヤモンドが安定に存在する領域は高い圧力下である．常温常圧（298 K, 1 bar）において，炭素の安定な状態はダイヤモンドではなくて，グラファイトなのである．それなのに，ダイヤモンドがグラファイトに相転移しないで存在するのはどうしてなのだろうか？　答えは，ダイヤモンドはグラファイトへ転移しないのではない．ただ，転移するのには無限の時間がかかると考える．あまりにも長い時間のため，ダイヤモンドからグラファイトへの反応が止まっているように見えるだけなのである．つまり，平衡論的には不安定な状態であるが，速度論的には越えなけ

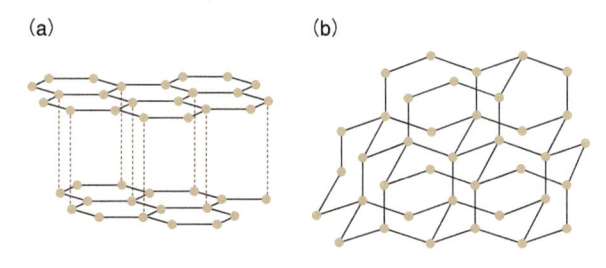

図10　グラファイト（a）とダイヤモンド（b）の構造

ればならない高いエネルギーの山（活性化エネルギー）があるために変化が起こりにくいと考えるのである．このような状態を準安定状態という．物質の平衡と反応速度については，10章以降で詳しく学ぶ．

　ところで物質の温度を上げていくとき，どうして固体状態や液体状態のままで存在することができないのだろうか？「非常に熱い固体」あるいは「非常に熱い液体」のままで存在してもよいのではないか？　という疑問がわいてくる．

　この疑問に対する答えとしては，温度を高くすると，固体よりは液体，そして液体よりは気体の方が好ましいという傾向，いい換えると「秩序だった状態よりも無秩序な状態の方が好ましい」という何らかの要因が自然界に存在すると考えられる．熱力学では，このような乱雑さの要因を表現するのに"エントロピー"という言葉が導入される．熱とエネルギーと仕事の間の関係から，物質の安定性や変化の方向性を理解することは，物理化学で学ぶ大切なことの一つである（9章）．

　さらに，物質のしくみとして重要なことは，動的な側面としての化学反応，あるいは化学変化である．化学反応とは，簡単にいうと，化学結合の生成や切断をともなって，あらたな物質を生みだすものである．個々の原子はそのままで，それらの組み合わせ方，あるいは原子間の結びつき方が変わるのが化学反応なのである．それに対して，原子核の変化をともなって新たな物質を生じる核分裂や核融合反応は通常，化学反応とは呼ばない．

　つまり，化学反応は電子の組換え，あるいは電子の運動状態の変化を意味する．たとえば，二つの水素原子が共有結合を形成して1個の水素分子ができる反応の場合，2個の水素原子のなかで，それぞれ1個の原子核のまわりを運動していた2個の電子が，2個の原子核のまわりを運動するように変化することである（図11）．

　それに対して，氷から水への融解や水から水蒸気への蒸発や沸騰

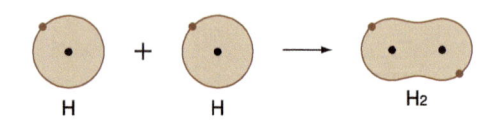

図11　水素原子（H）から水素分子（H_2）へ

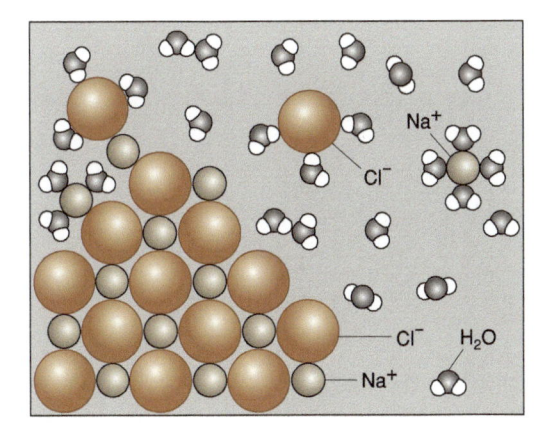

図12 塩化ナトリウム（NaCl）の水への溶解

などは，分子自体はそのままで化学結合は変化しないので，分子間相互作用の変化，あるいは物理変化と呼ばれる．また，たとえば，塩化ナトリウム（NaCl）を水に溶かすことによって化学結合（イオン結合）が切れるが，これはあくまでも「溶解」という物理変化であって，化学変化とは呼ばない（図12）．

このように見てくると，物質のしくみの根源として，原子や分子のなかの電子が大きくかかわっていることがわかる．したがって，化学のすべての話は電子から始まるといえるのである．原子核の内部におよぶ問題は，物理学の領域とされ，ここで化学と物理学との暗黙の住み分けがなされている．

章末問題

1. 水の蒸発とはどのような変化なのかを説明せよ．

2. グラファイトとダイヤモンドの構造をもとにして，二つの物理的性質が大きく異なる理由について考えよ．

3. 氷の蒸気圧は $-10\ ℃$ で $2.6 \times 10^2\ \mathrm{Pa}$（$= 2.6 \times 10^{-3}\ \mathrm{bar}$）である．三重点は $0.01\ ℃$ で $6.0 \times 10^2\ \mathrm{Pa}$（$= 6.0 \times 10^{-3}\ \mathrm{bar}$）である．水の融点および沸点を使って，水の状態図の概略を示せ．

4. 平衡論的に状態が変化しない物質と，速度論的に状態が変化しない物質の例を考えよ．

Column ダイヤモンドはどうやってできるか

　ダイヤモンドは地球のどの部分でつくられて，どのようにして地表に届けられるのだろうか？　地球内部は地殻，マントル，核の大きく三つの部分に分けられる．圧力と温度の推定値から，ダイヤモンドの安定領域は，地下200 kmより深いマントルのどこかであることが推定された．しかし，地下200 kmのところからどのようにして地表まで上昇してきたのか，まだ謎は残っている．

図A　ダイヤモンドの採掘坑

　ダイヤモンド単結晶は，人工的に1300 ℃以上の高温で5 GPa（＝ 5×10^9 Pa）の超高圧の条件で合成される（図9参照）．そのときニッケルなどの溶媒金属が必要とされる．
　アメリカのGE社は1955年以前にすでにダイヤモンド合成に成功していたが，それは国家機密とされていた．しかし同年にスウェーデンのアセア社が合成に成功したということで，競うようにして特許申請やNature誌などへの発表がおこなわれた．それを契機として，わが国をふくめ世界中で超高圧研究が活発におこなわれるようになったのである．1977年には特許の有効期限は切れて，誰でも自由にGE社の方法でダイヤモンドを合成，販売できるようになった．現在では大型で質のよいダイヤモンドの単結晶が工業生産されている．最近ではダイヤモンドばかりでなく，超高圧下で窒化ホウ素（BN）などの超硬材料の開発研究が盛んである．
　また，ダイヤモンドを使った容器（セル）のなかで超高圧条件をつくりだすダイヤモンドアンビル装置も開発され，超高圧下での物性測定実験が盛んにおこなわれている．

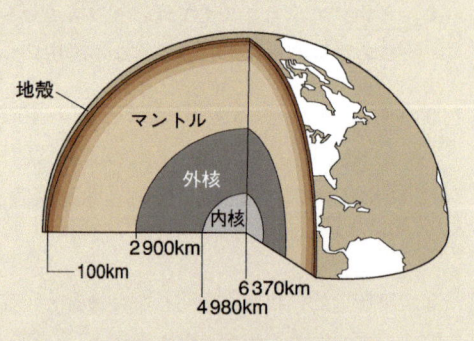

図B　地球の内部のようす

1 原子のなかの電子

18 世紀後半から 19 世紀にかけてのおよそ 100 年間で, ラボアジェ（A. L. Lavoisier）による質量保存則や, ドルトン（J. Dalton）による原子説や倍数比例の法則などが発表され, 原子の存在がだんだん明確になってきた. それでは, 原子の構造と性質はどのような実験によって, 明らかにされたのだろうか？

KEY CONCEPT
- 原子の構造
- 原子のスペクトル
- 原子モデル
- 物質波
- 不確定性原理

1.1 原子の構造を決めた実験

1.1.1 ラザフォードの散乱実験

原子構造を決めるための画期的な実験は, ラザフォード（E. Rutherford）の散乱実験（1909 年）であった. ラザフォードは, 彼の先生であったトムソン（J. J. Thomson）の原子モデル[1]を検証するために, ガイガー（H. Geiger）と協力して α 線測定器を開発し, これを使って有名な金箔実験を行った. 厚さ $0.5\,\mu\mathrm{m}$（$= 5 \times 10^{-7}\,\mathrm{m}$）の金箔に α 線[2]を当てて, どの方向にどれだけの α 線が散乱するかを調べた（図 1.1）. その結果, 一部の α 線は少し軌道を曲げられるが, 大部分はそのまま金箔を透過した. さらに驚いたことに, 約 2×10^4 個に 1 個の割合で α 線が $90°$ 以上大きく曲げられることを見いだした. この実験結果は, 原子の質量が非常に小さな空間に集中していることを示している. つまり, トムソンの原子モデルと矛盾する結果であった. 正に帯電した原子核の近くを通過する α 線は静電反発で少し曲げられ, 原子核にまともに衝突した α

[1] トムソンの原子モデル（1903 年）

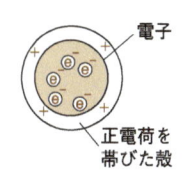

ラザフォードの原子モデル（1913 年）

[2] α 線は, He の原子核で, 2 個の陽子と 2 個の中性子からなる粒子線.

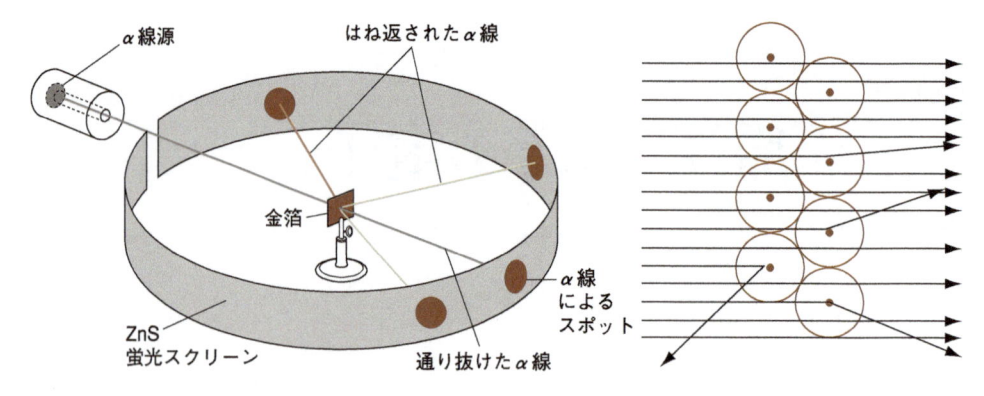

図1.1 ラザフォードの実験

E. Rutherford (1871-1937) ニュージーランド出身. イギリスで活躍した物理学者. 1908年ノーベル化学賞を受賞.

線だけが 90°以上大きく曲げられて元の方向に戻るように散乱されたと考えることによって実験結果がうまく説明できた. さらにその質量が集中する部分の割合は原子半径の 1/10000 以下であると結論された. 原子は, すかすかの構造なのである. ラザフォードは質量が集中する部分を**原子核**〔atomic nucleus, あるいは単に核 (nucleus) ともいわれる〕と名づけた.

原子は, 中心に圧倒的に大きな質量をもつ原子核と, そのまわりにある**電子** (electron) からなっている. 原子の質量の大部分 (99.95%以上) は原子核が占めている (表1.1). 原子核の大きさ (直径: 約 10^{-14} m) は原子全体の大きさ (直径: 約 10^{-10} m) に対して非常に小さい. たとえば, 原子核の直径を 0.02 m (1円玉ぐらいの大きさ) とすると, 原子の直径は 200 m (野球場ぐらいの大きさ) となる. さらに, 原子核の密度を計算すると, 天文学的な値 (10^{17} 〜 10^{18} kg/m^3) となる.

X線回折実験によって, 金の結晶の原子の配列が明らかになっている. 金の原子が隙間なくつまっているとして, ラザフォードの実験結果を用いると, 金原子の直径は 2.84×10^{-10} m と計算される.

表1.1 原子を構成する素粒子の質量と電荷

	質量 (kg)	質量比	電気量 (C)	電荷
電子	9.110×10^{-31}	1	-1.602×10^{-19}	-1
陽子	1.673×10^{-27}	1836	$+1.602 \times 10^{-19}$	$+1$
中性子	1.675×10^{-27}	1839	0	0

このことから原子核の半径はおよそ 3×10^{-14} m となる.

電子と原子核からなるラザフォードの原子モデルは，電子の数やそれに対応した正電荷をもつ**陽子**（proton）の数を明らかにするものではなかった．**原子番号**（atomic number）が原子核のなかの正電荷をもった陽子の数に等しいことを明らかにしたのは，モーズレー（H. G. J. Mooseley）の実験であった.

原子核は，陽子と**中性子**（neutron）からなっていて，それらの数の和を**質量数**（mass number）という．原子核には，同一の陽子数すなわち同じ原子番号でありながら，中性子の数が異なるものが存在する．これらを互いに**同位体**（isotope）であるという．天然の元素はいくつかの同位体の混合物である場合が多い[3].

1個の原子の質量は非常に小さく，取り扱いが不便である．そこで，質量数に近い値になるような相対的な質量を定義する．相対質量は炭素 $^{12}_{6}\text{C}$ の質量数を12として，これを基準とするものである．質量数12の炭素原子 0.012 kg 中に含まれる ^{12}C の数をアボガドロ数と呼び，この値は 6.02×10^{23} となる．したがって，このアボガドロ数が物質量の基本となる数で，物質量の単位として，アボガドロ数個の粒子（原子，分子，イオン）の量を1モル（mol）と定義する．すなわち，$n(\text{mol}) = (\text{粒子の数})/N_A$ である．ここで，N_A はアボガドロ数であるが，これを**アボガドロ定数**（Avogadro constant）と呼んでいる．

原子番号＝陽子の数
質量数＝陽子の数＋中性子の数

$$\begin{array}{c}\text{質量数}\\ \text{原子番号}\end{array} \text{A}$$

[3] 水素元素には三つの同位体が知られている．天然には $^{1}_{1}\text{H}$ (99.985%) が圧倒的に多く存在し，次に $^{2}_{1}\text{H}$ (0.015%) で $^{3}_{1}\text{H}$ が極微量存在している．$^{2}_{1}\text{H}$ は重水素，$^{3}_{1}\text{H}$ は三重水素と呼ばれ，それぞれD（デュウテリウム），T（トリチウム）と表されることもある．

1.1.2 原子のスペクトル

ラザフォードの実験とともに，原子のなかの電子の状態を決めた重要な実験は，原子のスペクトル観測である．真空管に水素ガスを入れて，高電圧で放電させると発光する．出てきた光をプリズムや回折格子（分光器）で分光すると，とびとびの特定の波長をもった一連の線スペクトルが観測される（図1.2）．

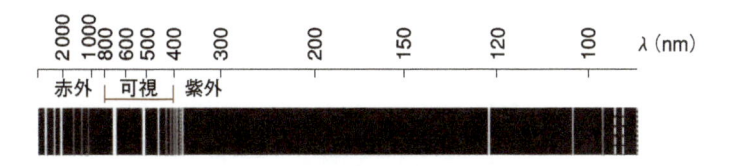

図1.2 水素原子のスペクトル

そして，これらのスペクトルを解析することによって，その波長 λ は次のような簡単な式で表されることがわかった．

$$\frac{1}{\lambda} = \bar{\nu} = R_\mathrm{H}\left(\frac{1}{n_1^2} - \frac{1}{n_2^2}\right) \tag{1.1}$$

ここで，$\bar{\nu}$ は波長の逆数を cm^{-1} 単位で表したもの（1 cm あたりの波の数）で，エネルギーを意味する．これを**波数**（wave number）という．式(1.1)はリュードベリの式と呼ばれ，R_H は比例定数で，**リュードベリ定数**（Rydberg constant）[4]と呼ばれる．n_1 および n_2 は 1，2，3，…という整数で，$n_2 > n_1 \geq 1$ である．ここで重要なことは，エネルギーが R_H/n^2 という二つの項の差として表現されることである．すなわち，その一つ一つが水素原子の不連続なエネルギー準位に対応していることを表している．

一連の水素原子の線スペクトルは発見者の名前がつけられている．真空紫外領域のライマン系列（$n_1 = 1$，$n_2 = 2, 3, 4\cdots$），可視領域から紫外領域のバルマー系列（$n_1 = 2$，$n_2 = 3, 4, 5\cdots$），赤外領域のパッシェン系列（$n_1 = 3$，$n_2 = 4, 5, 6, \cdots$）やブラケット系列（$n_1 = 4$，$n_2 = 5, 6, 7, \cdots$）などである（図1.3）．それぞれの系列において，エネルギーの高い軌道から低い軌道へ電子が遷移するときに，そのエネルギー差に相当する波長の光を放出するのである．

<mark>光を放出することによって，高いエネルギーから低いエネルギーへ遷移する．これが発光スペクトルである．</mark>逆に光を吸収すること

[4] リュードベリ定数の実験値
$R_\mathrm{H} = 1.09677 \times 10^7\,\mathrm{m}^{-1}$

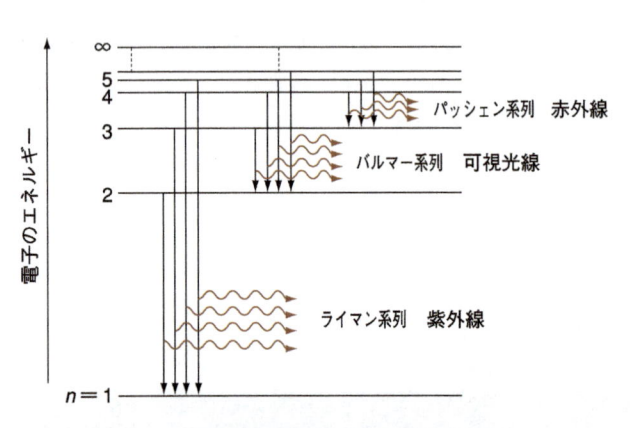

図1.3 水素原子のエネルギー準位間の遷移と発光スペクトルの関係

によって，低いエネルギーから高いエネルギーへ遷移する．これが吸収スペクトルである．

光電効果の実験結果にもとづいて，アインシュタインは光（一般に電磁波）のエネルギーは**光子**（photon）の集まり $E = nh\nu$ であることを説明した．任意の二つのエネルギー準位について，高いエネルギーを E_2 とし，低いエネルギーを E_1 とするとき，光の振動数とエネルギーは次の関係で与えられる（図1.4）．

$$h\nu = \frac{hc}{\lambda} = E_2 - E_1 \tag{1.2}$$

ここで，h はプランク定数と呼ばれる定数（6.62608×10^{-34} J s）であり，$h\nu$ は振動数 ν のときの光子のエネルギーで，光エネルギーの最小単位となる[5]．

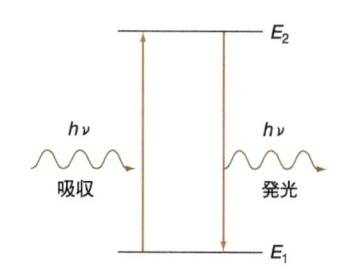

図1.4 光の吸収と発光

1.2 ボーアの水素原子モデル

ボーア（N. H. D. Bohr）はラザフォードの実験をふまえて，水素原子の発光スペクトルの実験を完全に説明できる理論モデルを提案した（1913年）．これは古典力学に，角運動量が不連続であるという仮定をつけ加えたもので，前期量子論あるいは半古典的量子論とも呼ばれる．

そのボーアの水素原子モデルは，質量が m で $-e$ の電荷をもつ電子が，$+e$ の電荷をもつ原子核のまわりで，速度 v で半径 r の円軌道を描いて運動している[6]というものである（図1.5）．

この円運動が一定エネルギーで，一定軌道をまわる安定な状態（定常状態）であるためには，電子に作用する遠心力（$= mv^2/r$）と電子と原子核の間に働くクーロン力（$= e^2/4\pi\varepsilon_0 r^2$）がつり合っていなければならない．すなわち，"つり合い条件"は次式で与えられる．

[5] E と ν と $\bar{\nu}$ の関係
質量とエネルギーの関係を表すアインシュタインの式は，
$E = mc^2 = pc$
これにドブロイの式(1.13)を代入すると，
$E = \dfrac{hc}{\lambda}$
となる．式(1.2)より
$E = h\nu = \dfrac{hc}{\lambda}$
であり，$\bar{\nu} = \dfrac{1}{\lambda}$ であるから
$\bar{\nu} = \dfrac{E}{hc}$ あるいは $\bar{\nu} = \dfrac{\nu}{c}$
という関係を得る．

[6] このモデルでは，原子核（陽子）の質量は電子に比べて圧倒的に大きいので，原子核が止まっていると仮定している．

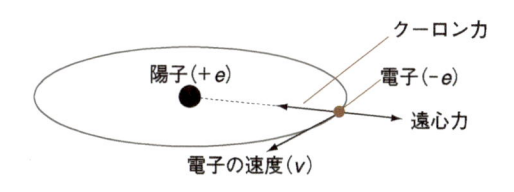

図1.5 ボーアの水素原子モデル

$$\frac{mv^2}{r} = \frac{e^2}{4\pi\varepsilon_0 r^2} \qquad (1.3)$$

ここで ε_0 は真空の誘電率である[7].

このときボーアは，円運動をしている電子の角運動量 J ($= mvr$) がとびとびであると仮定した．これは"ボーアの量子条件"といわれる．

$$J = mvr = \frac{nh}{2\pi}$$
$$n = 1, 2, 3, \cdots \qquad (1.4)$$

ここで，$h/2\pi$ を単位として，その整数倍の角運動量だけが許されるとしているが，この $h/2\pi$ は後に量子論との整合性からこのように書き表されたものである[8]．また，式(1.4)において，整数 n は，**量子数**（quantum number）といわれ，量子論の世界での不連続性を表す番号づけとして使われるものである．

式(1.4)を式(1.3)に代入すると"許される軌道半径"が得られる．

$$r_n = \frac{n^2 \varepsilon_0 h^2}{e^2 m \pi} \qquad (1.5)$$

この式で n 以外は定数なので，これを a_0 とおくと

$$r_n = n^2 a_0 \qquad (1.6)$$

と書くことができて，$a_0 = \varepsilon_0 h^2 / e^2 m \pi = 5.29 \times 10^{-11}$ m ($= 52.9$ pm)[9] となる．a_0 は $n = 1$ のときの半径で，最も安定な状態である．これを**基底状態**（ground state）という．a_0 は基底状態にある水素原子の軌道半径で，これを**ボーア半径**（Bohr radius）という．量子力学において，a_0 は長さの基本定数（原子単位）として使われる．$n = 2$ 以上の状態を**励起状態**（excited state）という．

次に電子のエネルギーについて考えよう．電子のもつ全エネルギー E は，運動エネルギー T とポテンシャルエネルギー V との和である．式(1.3)を用いると運動エネルギー T ($= mv^2/2$) は

$$T = \frac{mv^2}{2} = \frac{e^2}{8\pi\varepsilon_0 r} \qquad (1.7)$$

7) ($4\pi\varepsilon_0$) は電荷 e の単位をクーロン（C）で表すとき，力を SI 単位のニュートン（N）にするための変換の係数である．

8) $h/2\pi$ という形はよく使われるので $\hbar$ という記号で表すこともある．

N. H. D. Bohr（1885-1962）デンマークの理論物理学者．1922年ノーベル物理学賞を受賞．

9) 最小の元素である水素の直径はおよそ 10^{-10} m となるが，これまで，とくに結晶化学などでは，その便利さから 10^{-10} m に対して，1Å（オングストローム）という単位がしばしば使われてきた（1Å = 0.1 nm = 100 pm）．しかし，Å は SI 単位でない．

となる．一方，ポテンシャルエネルギー V は，

$$V = \frac{-e^2}{4\pi\varepsilon_0 r} \tag{1.8}$$

で与えられる[10]．これは原子核から無限に離れた位置（$r = \infty$）に電子があるときを0として，電子が無限遠にあるときに比べて r の位置にある方が安定になっていることを意味するので，負の値となっている．したがって，全エネルギー（$E = T + V$）は

$$E = \frac{-e^2}{8\pi\varepsilon_0 r} \tag{1.9}$$

となる．この r に式(1.5)の r_n を代入すると，"許されるエネルギー"は次のように得られる．

$$E_n = \frac{-me^4}{8\varepsilon_0^2 h^2 n^2} \tag{1.10}$$

そこで次に，二つのエネルギー準位，n_2 から n_1 への遷移にともなって放出される光のエネルギーを求めてみよう．ここで，$1/\lambda = \bar{\nu} = \nu/c$ という関係[11]であるから，式(1.10)を使うと

$$\begin{aligned}\bar{\nu} &= \frac{(E_2 - E_1)}{hc} \\ &= \frac{me^4}{8\varepsilon_0^2 h^3 c}\left(\frac{1}{n_1^2} - \frac{1}{n_2^2}\right)\end{aligned} \tag{1.11}$$

となる．この式はまさに，原子スペクトルの観測によって得られたリュードベリの式(1.1)である．

$$R_\mathrm{H} = \frac{me^4}{8\varepsilon_0^2 h^3 c} \tag{1.12}$$

がリュードベリ定数に相当する．これを計算すると $R_\mathrm{H} = 1.09737 \times 10^7\,\mathrm{m}^{-1}$ を得る．一方，原子スペクトルから式(1.1)にもとづいて求めたリュードベリ定数の実験値は $R_\mathrm{H} = 1.09677 \times 10^7\,\mathrm{m}^{-1}$ である．

さらにこの系を二体問題と考えると，もう少しよい一致が得られ

10) ポテンシャルエネルギーは位置エネルギーとも呼ばれる．電子は，クーロン力によって原子核に引きつけられていることに相当するポテンシャルエネルギーをもつ．この場合のポテンシャルエネルギーはクーロン力を無限大から r まで積分したものである．すなわち，
$$\begin{aligned}V &= \int_\infty^r (e^2/4\pi\varepsilon_0 r^2)\mathrm{d}r \\ &= -e^2/4\pi\varepsilon_0 r\end{aligned}$$

11) 光の振動数 ν は，$\lambda\nu = c$ という式で波長 λ と関係づけられる．ここで c は光の速度（$2.9979 \times 10^8\,\mathrm{m/s}$）である（注5を参照）．

る．すなわち，式(1.12)は原子核を固定してそのまわりを電子がまわっているというモデルで得られた結果であるが，より正確には原子核は電子とともに共通の重心をまわる回転運動と考える．この場合では m を換算質量 μ で置き換えなければならない[12]．この補正をすると $R_H = 1.09677 \times 10^7 \mathrm{m}^{-1}$ となって，実験値と非常によく一致する．

このようにボーアの原子モデルは，電子を 1 個だけもっている水素原子のスペクトルの説明についてはみごとに成功した．また，水素原子のサイズであるボーア半径 a_0 についても，その後の精密な測定結果と非常によい一致を示した．しかし，ボーアの原子モデルの成功は，電子が 1 個だけの水素原子ついてだけで，水素以外の複数個の電子をもった原子や分子のスペクトルについては説明することができなかった．また，「ボーアの仮定である定常状態がどうして存在するのか？」，さらにまた「どうして電子が円軌道を回るか？」という疑問に対する物理的な根拠は示されなかった．これらのことを解決するために，後に述べるようなド・ブロイやシュレーディンガーによる新しい理論の発展が必要となったのである[13]．

1.3 電子の粒子性と波動性

1.3.1 物質波

電子の運動を理解するために新たな力学への道を開いたのは，ド・ブロイ（L. de Broglie）であった．ド・ブロイは，電子などあらゆる粒子について，光とまったく同じように，粒子性と波動性の二つの性質を持っていることを提案した（1924 年）．すなわち，電子の波動性を表す波の波長を λ，粒子性を表す運動量を p（$= mv$）とするとき，それらの関係を次のような式で表現した．

$$\lambda = \frac{h}{p} \qquad (1.13)$$

このように表される波を**物質波**（material wave，あるいはド・ブロイ波）という．ド・ブロイの式(1.13)は粒子性と波動性の関係を与えるものであるが，このような関係式は，あたかも古典力学におけるニュートンの運動方程式の場合と同じように，何か他の理論から

---

[12] 原子核の質量を M とすると，$\mu = Mm/(M + m)$ である．

[13] ボーアの原子モデルは，実は，電磁気学に照らして大きな矛盾をかかえていた．荷電粒子が電場のなかで加速運動すると電磁波（光）を放出することになっている．よって，円運動をしている電子は電磁波を放出して原子核と合体して，原子は消滅してしまうはずである．一方，外部から電圧をかけて電子を高速円運動させることによって発生する電磁波を利用するのがシンクロトロン放射光である（p.22 コラムを参照）．

導かれるものではなくて仮説である．したがって，すべての話はこの仮説から始まり，その正しさは，この仮説から導かれる結果がすべての実験結果と矛盾しないことによって証明されるという性質のものである．

ド・ブロイの仮説が正しいことは，デビッソンとガーマー (C. J. Davisson, L. H. Germer) の電子回折実験（1927年）によって明確に証明された．すなわち，この実験で，電子が光（X線）とまったく同じように波動として振る舞うことが実験的に証明された．まさに電子の波長が式(1.13)で与えられることを実証したのである．==ド・ブロイの式(1.13)はどのような物質にも適用でき，その波長を求めることができる．==この式は波動性を表す波長（λ）と粒子性を表す運動量（p）が反比例することを表している．巨視的な重い物質では運動量が非常に大きいので，ド・ブロイの式にあてはめると，波長がきわめて短くなって，実際には波として認識できないほど短い波長となってしまう．つまり，波動性が重要な意味をもつのは運動量（p）が小さな場合なのである（図 1.6）．

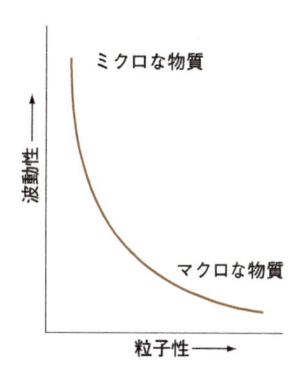

図 1.6 粒子性と波動性

物質波の考えをもとにして，ボーアの原子モデルを見直してみよう．軌道をまわる電子による物質波は，電子が軌道をひとまわりしたときに位相が常に一致しなければならない．これを**定在波** (standing wave) という（図 1.7）．なぜなら，位相がそろっていない非定在波では，何回も軌道を回っているうちに波が互いに打ち消し合って振幅がゼロになり，波が消滅するからである．定在波の条件は

$$2\pi r = n\lambda \tag{1.14}$$

であるが，これにド・ブロイの式(1.13)を代入すると

$$2\pi r = \frac{nh}{p} = \frac{nh}{mv} \tag{1.15}$$

を得る．したがって角運動量 J は

$$J = mvr = \frac{nh}{2\pi} \tag{1.16}$$

となる．これはまさに"ボーアの量子条件"にほかならない（p. 16

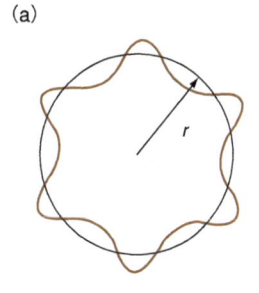

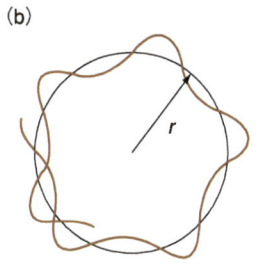

図 1.7 原子のなかの電子の波
(a) 定在波 (b) 非定在波

を参照).つまり,式(1.4)の $h/2\pi$ は,ド・ブロイの関係にもとづいて導入されたのである.

1.3.2 不確定性原理

電子や水素原子のような小さい粒子の運動には,古典力学が適用できないことが明らかになった.そこで,ハイゼンベルクとシュレーディンガーは,互いに独立した新しい力学を構築した.この新しい力学では,電子が粒子性と波動性の二つの性質をもっていることを説明している.ボーアの原子モデルは電子を古典粒子とみなしたもので,波動性についてはまったく考慮していなかったのである.古典力学では,ある時間での粒子の位置や速度をきちんと決めることができるのに対して,量子力学では,粒子の存在確率しか定義することができない.しかし,粒子の質量やエネルギーや運動量は定義することができる.

また,前項で述べた二重性によると,粒子の位置と運動量を同時に正確に決めることはできないという結果が導かれる.位置を正確に決めようとすると運動量は不正確になり,逆に,運動量を正確に決めようとすると位置が不正確になる.このような位置 x と運動量 p_x の測定限界を表したのが,ハイゼンベルグ(W. K. Heisenberg)の**不確定性原理**(uncertainty principle)であり,次の式で表現される.

$$\Delta x \Delta p_x \geq \frac{h}{4\pi} \qquad (1.17)$$

ここで,Δ はそれぞれの不確かさの範囲を表し,電子の位置を正確に測定するとき(すなわち,$\Delta x = 0$),粒子の運動量はまったく不確かになる(すなわち $\Delta p_x = \infty$).この関係についても,適用する対象に制限はないが,プランク定数 h は大変小さい数なので,重い粒子の系の測定では不確定性原理はまったく問題にならなくなる.

電子の運動については,位置を正確に知ることよりもその運動量やエネルギーを知りたい場合が多い.そのとき電子の位置は,ある時刻にある位置で電子を見いだす**確率**(probability)として考える.ある位置で電子を見いだす確率が高いということは,その位置での**電子密度**(electron density)が高いということである.空間的に電

W. K. Heisenberg(1901-1976) ドイツの理論物理学者.1932年ノーベル物理学賞を受賞.

子密度を記述する関数は**オービタル**（orbital）と呼ばれる．これはボーアの原子モデルのようなはっきりと決まった**軌道**（orbit，オービット）とは異なるものとして区別される．核のまわりを取り囲む**電子雲**（electron cloud）と呼ばれるような，広がりをもったものとみなすのである．

章末問題

1. 次の語を使って原子の構造について説明せよ．
   （電子，陽子，中性子，原子核）

2. ボーアの原子モデルにおける遠心力とクーロン力の"つり合いの条件"を表す式（1.3）から，電子の速度 v を表す式を導け．$n = 1$ のときの電子の速度を光の速度 c と比較せよ

3. He^+，Li^{2+}，Be^{3+} などは電子を1個だけをもった原子で，水素類似原子と呼ばれる．原子核の電荷は $+Ze$ である．ボーアの原子モデルによる軌道半径 r_n およびエネルギー E_n はどのようになるか

4. 水素原子について，状態 n_2 から状態 n_1 への遷移にともなって放出される光のエネルギーは，式（1.11）で与えられる．$n_1 = 2$，$n_2 = 4$ のときの光の波長を m（メートル）単位で求めよ．

5. 物質波の概念は，マクロな物質の運動にあてはめても矛盾しない．時速 60 km で走っている 1 t（= 10^3 kg）の車について，物質波の波長を求めよ．速度 2.0×10^6 m/s で運動する電子の波長を求めて，比較せよ．

Column シンクロトロン放射光

電子を光の速さ近くまで加速し，磁場をとおして円軌道上を運動させると，その接線方向に強力な電磁波（光）が放出される．この電磁波のことをシンクロトロン放射光（synchrotron radiation, SR）と呼ぶ．得られる電磁波の波長はX線から紫外，可視，そして赤外領域までの非常に広い波長範囲をカバーできるので，「夢の光源」ともいわれた．

たとえば，超伝導物質の原子構造やタンパク質の構造解析など，物質科学や生命科学の基礎研究ばかりでなく，次世代半導体の超微細加工や医療技術など，いろいろな応用研究にとってなくてはならない装置となっている．とくに，真空紫外やX線領域の貴重な光源となっている．

兵庫県の播磨科学公園都市にあるSPring-8（スプリング）は，世界最大の出力（電子エネルギー：8 GeV，周の長さ：1436 m）を誇る大型の放射光発生装置で，1997年から利用が開始されている．SPring 8の明るさは，通常のX線発生装置の1億倍にもなる．

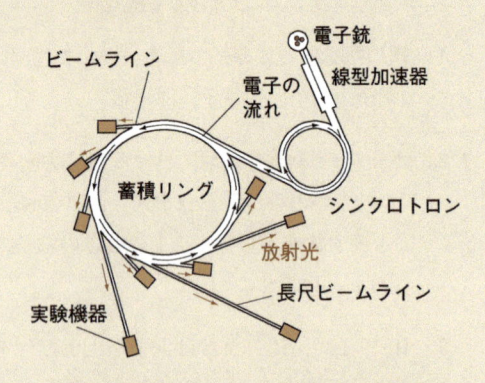

図A シンクロトロン放射光の発生装置

図B SPring-8の鳥瞰写真
（提供：JASRI）

2 電子の運動方程式

電子は，粒子であるとともに波のようにふるまうことを前の章で学んだ．そこで，シュレーディンガーは電子の運動に対する波動力学を展開した．古典力学における波動方程式にド・ブロイの関係を導入することによって，原子や分子の状態を記述する方程式を確立した．重要なことは，位置がもっている不確定さを表すために，電子がその点に存在する確率を表す関数を導入することである．この章では，電子の運動方程式と原子のなかでの電子の配置状態について学ぶ．

KEY CONCEPT
- 波動方程式
- 波動関数
- 構成原理
- 周期律

2.1 波動方程式と波動関数

2.1.1 シュレーディンガー方程式

話を簡単にするために，一次元の波を考える．一般に波長が λ，振動数が ν で，x 方向へ進行する波について，時間 t，位置 x での振幅 $\psi(x, t)$ は，次式で表される．

$$\psi(x, t) = A \sin\left\{2\pi\left(\frac{x}{\lambda} - \nu t\right)\right\} \tag{2.1}$$

古典力学では，$\psi(x, t)$ の2乗は波の強度と定義される．ここで，時間 t に依存しない波を考えると，式(2.1)は

$$\psi(x) = A \sin\left(\frac{2\pi x}{\lambda}\right) \tag{2.2}$$

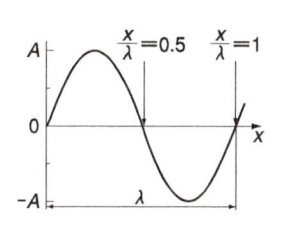

式(2.2)で表される波

三角関数の微分
$d/dx\ (\sin ax) = a \cos ax$
$d/dx\ (\cos ax) = -a \sin ax$

となる．式(2.2)の一次微分は

$$\frac{\mathrm{d}\psi(x)}{\mathrm{d}x} = \left(\frac{2\pi}{\lambda}\right)A\cos\left(\frac{2\pi x}{\lambda}\right) \tag{2.3}$$

さらに二次微分は

$$\frac{\mathrm{d}^2\psi(x)}{\mathrm{d}x^2} = -\left(\frac{2\pi}{\lambda}\right)^2 A\sin\left(\frac{2\pi x}{\lambda}\right)$$
$$= -\left(\frac{2\pi}{\lambda}\right)^2 \psi(x) \tag{2.4}$$

である．この微分方程式は古典力学での定在波の波動方程式である．この式にド・ブロイの式(1.13)を導入すると，物質波の波動方程式として次式を得る．

$$\frac{\mathrm{d}^2\psi(x)}{\mathrm{d}x^2} = -4\pi^2\left(\frac{m^2v^2}{h^2}\right)\psi(x)$$
$$= -\left(\frac{8\pi^2 m}{h^2}\right)\left(\frac{mv^2}{2}\right)\psi(x) \tag{2.5}$$

式(2.5)において，$mv^2/2$ は運動エネルギー T で，全エネルギー E からポテンシャルエネルギー V を引いたものである．すなわち

$$\frac{mv^2}{2} = T = E - V \tag{2.6}$$

これを式(2.5)に代入して次式を得る．

$$-\left(\frac{h^2}{8\pi^2 m}\right)\left(\frac{\mathrm{d}^2\psi(x)}{\mathrm{d}x^2}\right) + V\psi(x) = E\psi(x) \tag{2.7}$$

これが一次元の**シュレーディンガー方程式**（Schrödinger equation）である．これを三次元に拡張すると

$$\left[-\left(\frac{h^2}{8\pi^2 m}\right)\left(\frac{\partial^2}{\partial x^2} + \frac{\partial^2}{\partial y^2} + \frac{\partial^2}{\partial z^2}\right) + V\right]\psi(x, y, z)$$
$$= E\psi(x, y, z) \tag{2.8}$$

E. R. J. A. Schrödinger (1887-1961)
オーストリアの理論物理学者．1933年ノーベル物理学賞を受賞．

となる．ここで，$\psi(x, y, z)$ は**波動関数**（wave function）と呼ばれる関数で，電子の運動を記述する．式(2.8)において，[ ]の部分

を $\hat{H}$ と置くと

$$\hat{H}\psi(x,y,z) = E\psi(x,y,z) \tag{2.9}$$

と書くことができる．$\hat{H}$ は**ハミルトン演算子**（Hamiltonian，あるいはハミルトニアン）と呼ばれる演算子である．演算子とは，ある関数に対する演算操作を表すものである．シュレーディンガーはこの式を使って水素原子のなかの電子の軌道（オービタル）とエネルギーを求めて，実験結果と一致することを示した．また，この式は複数の電子をもっている一般の原子や分子にも広く適用できるものである．

2.1.2 波動関数の性質と確率密度

シュレーディンガー方程式(2.8)は，古典力学における波の式にド・ブロイの式を導入して得られたもので，原子や分子を取り扱うのに適した形として，ド・ブロイの概念の表現を変えたものであるといえる．したがって，シュレーディンガー方程式はド・ブロイの式とまったく同じ性質をもつもので，この式の正しさは，これから導かれる結果がすべての実験結果と一致することによって実証されるのである．量子化学はここから始まる．

古典力学の波の振幅とのアナロジーから波動関数 $\psi(x,y,z)$ が導入された．これはある時間 t における粒子の位置 (x,y,z) を示すものなのだろうか？ 1章で説明したように，不確定性原理によって，運動する粒子の位置と運動量（またはエネルギー）を同時に正確に決めることはできないので，この解釈は正しくない．

そこでボルン（M. Born）は，波動関数の2乗 $|\psi(x,y,z)|^2$ が，ある位置 (x,y,z) で粒子を見いだす確率密度であると定義した．すなわち

$$|\psi(x,y,z)|^2 \mathrm{d}x\mathrm{d}y\mathrm{d}z \tag{2.10}$$

は $x \sim x+\mathrm{d}x$, $y \sim y+\mathrm{d}y$, $z \sim z+\mathrm{d}z$ の微小領域のなかで電子を見いだす確率を表す．電子は原子核のまわりのどこかには必ず存在しているので，まわり全体にわたっての確率の総和は1になるはずである．すなわち，

$$\int_{-\infty}^{\infty} |\psi(x, y, z)|^2 \mathrm{d}x\mathrm{d}y\mathrm{d}z = 1 \tag{2.11}$$

である.これを規格化条件といい,この条件を満たしている波動関数 $\psi(x,y,z)$ は**規格化**(normalization)されているという.

さらに,波動関数の2乗が粒子の存在確率を表すということは,その関数が連続で有限な一価関数で,無限遠でゼロになるものでなければならないことを意味している.

2.2 箱のなかの電子の運動

シュレーディンガー方程式のもっとも簡単な適用例は,一次元の箱のなかを自由に運動する電子(自由粒子[1])の問題である.“一次元”というのは運動が一方向(x軸方向にとる)に限られているものである.“箱”というのは,x軸方向の範囲として,$x<0$,または$a<x$ではポテンシャルVは無限大(∞)になり,粒子は箱の外にでられないことを意味している[2].$0 \leq x \leq a$の範囲内ではポテンシャルが一定(力が働いていない自由粒子なので,ポテンシャルVは一定)であるが,これをゼロにとる(図2.1).

$0 \leq x \leq a$の範囲内での$V=0$に対応するシュレーディンガー方程式は

$$-\left(\frac{h^2}{8\pi^2 m}\right)\left(\frac{\mathrm{d}^2\psi(x)}{\mathrm{d}x^2}\right) = E\psi(x) \tag{2.12}$$

である.式(2.12)は,kを実数として次の式で表現できる.

$$\left(\frac{\mathrm{d}^2\psi(x)}{\mathrm{d}x^2}\right) = -k^2\psi(x) \tag{2.13}$$

ここで

$$k^2 = \frac{8\pi^2 m}{h^2}E \tag{2.14}$$

である.

式(2.13)の微分方程式の一般解はA,Bを任意定数として

---

1) まったく束縛を受けないで一様なポテンシャルのなかにある粒子を自由粒子という.

2) 井戸型ポテンシャルと呼ばれる.

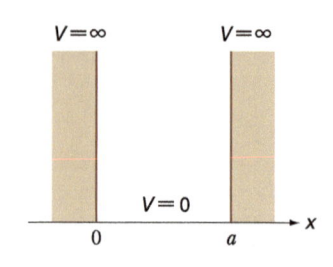

図2.1 一次元(井戸型)ポテンシャル

$$\psi(x) = A\sin kx + B\cos kx \tag{2.15}$$

と書ける．このモデルの境界条件から，$x=0$ および $x=a$ で $\psi=0$ でなければならない．このことから，$\psi(0)=0$ から，$B=0$ となる．一方，$\psi(a)=0$ からは，$\psi(a)=A\sin ka=0$ となって，$ka=n\pi$（$n=1,2,3,\cdots$）が得られる．したがって，k は

$$k = \frac{n\pi}{a} \tag{2.16}$$

となる．n は**量子数**（quantum number）である．量子数はこのようにして導入されることに注目してほしい．したがって波動関数は

$$\psi(x)[\equiv \psi_n(x)] = A\sin\left(\frac{n\pi}{a}x\right) \tag{2.17}$$

となる．A は規格化条件から求めることができる．すなわち

$$\int_{-\infty}^{\infty}|\psi(x)|^2 dx = A^2\int_{-\infty}^{\infty}\sin^2\left(\frac{n\pi}{a}x\right)dx = 1 \tag{2.18}$$

から $A=\sqrt{2/a}$ を得る．したがって，波動関数 (2.15) は次式になる．

$$\psi_n(x) = \sqrt{\frac{2}{a}}\sin\left(\frac{n\pi}{a}x\right) \tag{2.19}$$
$$n = 1,2,3,\cdots$$

次にエネルギーは，式 (2.14) と式 (2.16) から次のように求まる．

$$E[\equiv E_n] = \frac{n^2 h^2}{8ma^2} \tag{2.20}$$

図 2.2 に $n=1,2,3,4$ のときの E_n，$\psi_n(x)$，$|\psi_n(x)|^2$ を示す．

ここで第一に重要なことは，古典力学の世界とはまったく異なって，量子論の世界では，エネルギーは整数 n によって番号づけられた，とびとびの値しか許されないことである．このことをエネルギーの**量子化**（quantization）と呼び，そのとびとびの値を**エネルギー準位**（energy level）という．原子の線スペクトルは，このこ

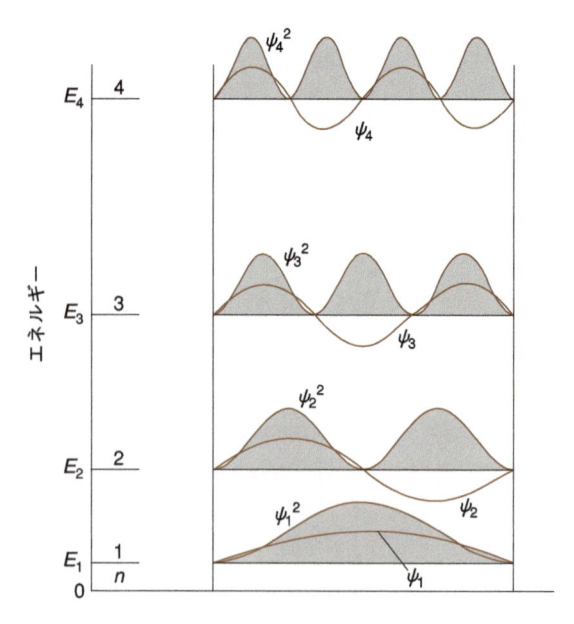

図2.2 エネルギー準位 E_n, 波動関数 $\psi_n(x)$, 粒子の存在確率 $\{\psi_n(x)\}^2$

とを実験的に証明するものである.

第二に, $n = 0$ は物理的に許されないということである. なぜなら, 式(2.15)で $n = 0$ は $k = 0$ を意味し, 式(2.14)で $B = 0$ と合わせると $\psi(x)$ は恒等的にゼロとなるからである. したがって, E は絶対にゼロにはならない. 最低のエネルギーは $n = 1$ のときで, $h^2/8ma^2$ となる. この最低のエネルギーのことを**ゼロ点エネルギー**(zero-point energy) という.

第三に, 式(2.20)において m と a は分母に入っていることである. m と a が小さいほど $n = 1, 2, 3, \cdots$ に対応するエネルギー準位の間隔が大きくなることがわかる (図2.2). 逆に m と a が大きいマクロな物質では, エネルギー準位の間隔は全エネルギーに対して無視できるほど小さい値となる.

2.3 水素原子の電子状態

水素原子のシュレーディンガー方程式は厳密に解くことができて, その波動関数とエネルギーをきっちり決めることができる. 水素原子は, 質量 m で電荷が $-e$ の1個の電子が, $+e$ の電荷をもった1

個の陽子からなる原子核のまわりを運動している系である[3]. ポテンシャルエネルギー V は電子と原子核の間のクーロンエネルギーで，式(1.8)によって与えられ，ハミルトニアンは $\hat{H} = -(h^2/8\pi^2 m)\nabla^2 - V$ となる[4]. 原子は球形のため，この系の V は電子と原子核の距離 r だけで決まる．したがって，直交座標 (x, y, z) ではなく，式(2.8)を極座標 (r, θ, ϕ) に変換することで解けるようになる．

水素原子の波動関数 $\psi(r, \theta, \phi)$ は，r を変数とする動径関数 $R_{n,l}(r)$ と θ, ϕ を変数とする球面調和関数 $Y_{l,m}(\theta, \phi)$ の積として表されるとする．

$$\psi(r, \theta, \phi) = R_{n,l}(r)\, Y_{l,m}(\theta, \phi) \tag{2.21}$$

シュレーディンガー方程式の解は n, l, m という三つの量子数の入った関数となる．三つの量子数 n, l, m の組み合わせで決まる波動関数 (2.21) を **原子軌道**（atomic orbital, AO）と呼ぶ．n は **主量子数**（principal quantum number）で，軌道のサイズを決める．l は **方位量子数**（azimuthal quantum number）で，軌道の形を決める．m は **磁気量子数**（magnetic quantum number）で，軌道の空間的な配向を決める．これらの三つの量子数は自由な値がとれるわけではなくて，次のような制約を受ける．

$$\begin{aligned} n &= 1, 2, 3, \cdots \\ l &= 0, 1, 2, \cdots, n-1 \\ m &= 0, \pm 1, \pm 2, \pm 3, \cdots, \pm l \end{aligned} \tag{2.22}$$

[3] 厳密には二体問題であるが，陽子の質量は電子の質量に比べて1836倍大きいので，換算質量 μ を電子の質量 m に置き換えてもその違いは非常に小さい．

[4] ラプラシアン
$$\nabla^2 = \frac{\partial^2}{\partial x^2} + \frac{\partial^2}{\partial y^2} + \frac{\partial^2}{\partial z^2}$$

直交座標と極座標の関係

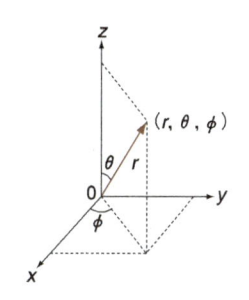

$x = r \sin\theta \cos\phi$
$y = r \sin\theta \sin\phi$
$z = r \cos\theta$

表2.1 水素原子の波動関数（a_0：ボーア半径）

n	l	m	オービタル	波動関数
1	0	0	1s	$\dfrac{1}{\sqrt{\pi}}\left(\dfrac{1}{a_0}\right)^{\frac{3}{2}} \exp\left(-\dfrac{r}{a_0}\right)$
2	0	0	2s	$\dfrac{1}{4\sqrt{2\pi}}\left(\dfrac{1}{a_0}\right)^{\frac{3}{2}}\left(2-\dfrac{r}{a_0}\right)\exp\left(\dfrac{-r}{2a_0}\right)$
2	1	0	2p$_z$	$\dfrac{1}{4\sqrt{2\pi}}\left(\dfrac{1}{a_0}\right)^{\frac{3}{2}}\dfrac{r}{a_0}\exp\left(\dfrac{-r}{2a_0}\right)\cos\theta$
2	1	±1	2p$_x$	$\dfrac{1}{4\sqrt{2\pi}}\left(\dfrac{1}{a_0}\right)^{\frac{3}{2}}\dfrac{r}{a_0}\exp\left(\dfrac{-r}{2a_0}\right)\sin\theta\cos\phi$
			2p$_y$	$\dfrac{1}{4\sqrt{2\pi}}\left(\dfrac{1}{a_0}\right)^{\frac{3}{2}}\dfrac{r}{a_0}\exp\left(\dfrac{-r}{2a_0}\right)\sin\theta\sin\phi$

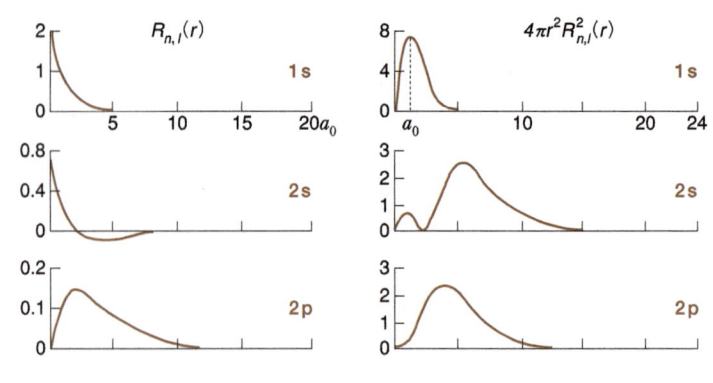

図2.3 水素原子の動径関数 $R_{n,l}(r)$ と動径分布関数 $4\pi r^2 R^2_{n,l}(r)$

5) s, p, d, f は，歴史的にナトリウム原子のスペクトル線と関連して付けられ，sharp, principal, diffuse, fundamental の頭文字である．

6) 原子核からの距離 r に対して電子がどのぐらいの確率で存在するのかを表すものである．原子核から r の距離にある殻状の微分体積要素は $4\pi r^2 dr$ であるから，原子核から r と $r + dr$ に電子が存在する確率は，単位体積あたりの電子の存在確率に $4\pi r^2 dr$ をかけたもので与えられる．

ここでとくに，l の値について，$l = 0, 1, 2, 3, \cdots$ に対してそれぞれ s, p, d, f, $\cdots$ という記号が使われ[5]，主量子数 n と合わせて表記される．たとえば，$n = 1$, $l = 0$ の状態の電子は1sであり，$n = 2$, $l = 1$ の状態の電子は2pである．さらにまた，同一の主量子数をもつ電子群はあたかも原子核を取り巻く殻のようなので，n によるエネルギー準位を電子殻と呼んで，$n = 1, 2, 3, \cdots$ に対してそれぞれ K 殻，L 殻，M 殻，$\cdots$ と呼ばれる．

シュレーディンガー方程式を解いて得られた水素原子の波動関数を表2.1に示す．**動径分布関数**（radial distribution function）は原点から半径 r の球面上の電子の確率密度で，$4\pi r^2 R^2(r)$ で与えられ

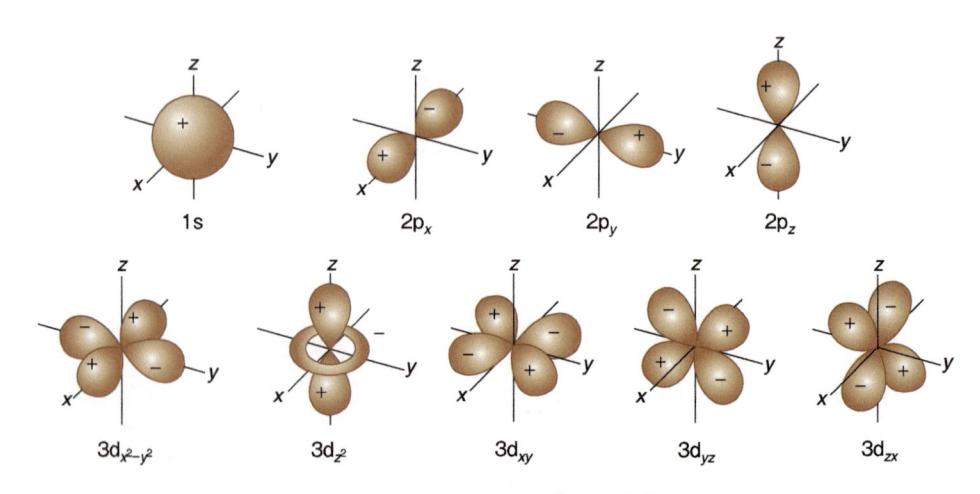

図2.4 s, p, d オービタルの形状

る（図 2.3）[6]．図 2.4 には s, p, d 軌道の形状を示す．1 s 軌道の場合，確率密度が最大になるところは $r = 0.0529$ nm となり，これは 1 章で述べたボーア半径 a_0 に等しくなっている．

一方，シュレーディンガー方程式の解として得られた水素原子の電子エネルギーは

$$E_n = -\left(\frac{me^4}{8\varepsilon_0^2 h^2}\right)\left(\frac{1}{n^2}\right) \tag{2.23}$$

となる．当然のことだが，これはボーアの原子モデルによる結果と完全に一致している．

このように水素原子のエネルギーは一つの量子数 n だけにしか依存しないのが特徴である．式(2.22)の関係から，ある一つの n の値に対して l は 0 から $n-1$ まで n 個の値をとることができる．それぞれの l に対して m は $2l+1$ 個の値をとることができるので，全部で n^2 個の同一のエネルギー状態が存在することになる．たとえば，2 s と 2 p，あるいは 3 s と 3 p と 3 d など，同一の主量子数をもつものは同一のエネルギーをもっている．このことを**縮退**（degeneracy）しているという（図 2.5）．

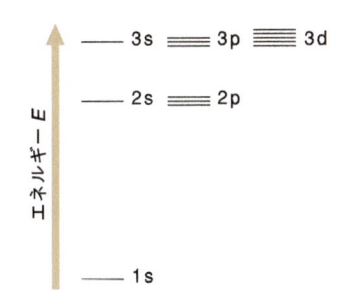

図 2.5 水素原子のエネルギー準位

水素原子の線スペクトルは異なった状態間の遷移に対応していて，水素原子のエネルギーはある特定の値しかとることができないことを 1 章で学んだ．しかし，たとえば，ナトリウム原子の発光線（D 線）は 3 p → 3 s 遷移によるものであるが，詳しく調べると 2 本の発光線からなっている．これは電子が固有の角運動量をもっているためであると説明される．電子は原子核のまわりを運動しながら自

7) $s = 1/2$ の電子を α または↑で，$s = -1/2$ の電子を β または↓で記述する．

転（スピン）しているのである．このスピン角運動量を決めるのが第四の量子数の**スピン量子数**（spin quantum number）s で，二つの状態が存在する[7]．

2.4 多電子原子の電子状態

2.4.1 多電子原子のエネルギー準位と構成原理

水素原子より大きい一般の原子は複数個の電子をもっている．これを多電子原子と呼ぶ．多電子原子のシュレーディンガー方程式は，電子が2個のヘリウム原子の場合でも，正確に解くことはできない．その原因は，電子どうしの反発相互作用が存在するためである．そこで，いろいろな近似をしなければならなくなる．

いま，一つの電子に注目する．この電子のポテンシャルエネルギーは原子核からの引力と他の電子との反発相互作用によるものであるが，それらをまとめて平均のポテンシャルとして考える．そうすると，一電子の問題に帰着することができるからである．ここで，注目した電子に作用する核電荷は $+Ze$ でなくて，他の電子の影響で核電荷の電場が遮蔽されて弱められると考える．これを**遮蔽効果**（screening effect）という．実際には，この効果は有効核電荷 $+Z_{eff}e$ として次のように表現される．

$$+Z_{eff}e = +(Z - \sigma)e \tag{2.24}$$

ここで σ を**遮蔽定数**（screening constant）という．原子核に近い電子では σ はあまり大きくないが，外殻の電子になるほど内側に存在する電子が多くなるので σ は大きくなる．$+Z_{eff}e$ を使って一電子のシュレーディンガー方程式を解いて得られるエネルギー準位を図 2.6 に示す．これは当然水素原子のエネルギー準位とは異なっている．前節で述べたように，水素原子のエネルギーは主量子数 n だけで決まる（s, p, d, … の軌道エネルギーは縮退している）のに対して，多電子系では同じ n の値をもった電子でも l が異なるとエネルギーも異なる．これは電子軌道の形によって遮蔽効果が異なることを意味するもので，縮退が解かれるのである．

多電子原子のエネルギー準位がわかったので，あとは図 2.6 の□のなかに安定なエネルギーから順に電子を満たしていけばよいこと

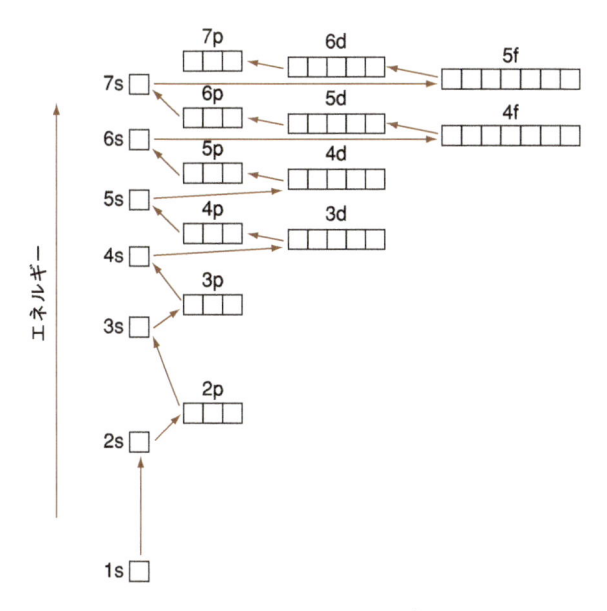

図 2.6 多電子原子のエネルギー準位

になる．

　ここで，前節で述べたように，電子の状態は n, l, m, s の四つの量子数で決まることになるが，電子配置を考えるときには**パウリの排他原理**（Pauli exclusion principle）の制約を受ける．すなわち，"一つの原子のなかに複数個の電子が存在するとき，どんな二つの電子もまったく同じ状態をとることはできない．"つまり二つの電子について，すべての量子数が完全に等しいことは許されないということである．スピン量子数 s には二つの状態が存在するので，軌道部分に関する三つの量子数の n, l, m で決まる状態には 2 個ずつ電子が存在できることになる．したがって，図 2.6 の □ には 2 個ずつの電子が入る．順に電子を入れていくとき，たとえば電子が 6 個の炭素について，1s に 2 個，2s に 2 個を入れて，残りの 2 個の 2p 電子をどのように入れるかが問題となる．この問題について，"等価な軌道についてはスピンを同じ向きにしてなるべく 1 個ずつ配置する"という**フントの規則**（Hund's rule）がある．このような**構成原理**（Aufbau principle）にしたがって順に電子を満たすと，H から始めて Ne までの元素についての電子配置は図 2.7 のようになる．

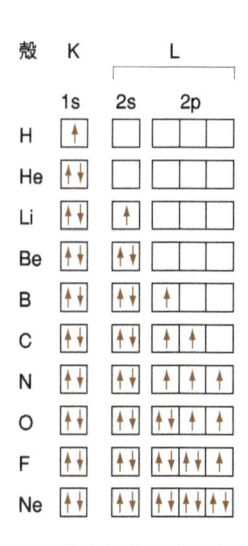

図 2.7 水素からネオンまでの電子配置

2.4.2 電子配置と周期律

表2.2は元素の基底状態の電子配置である．もっとも外側に配置された電子を最外殻電子というが，周期的に変化していることがわかる．電子配置を決める構成原理は周期律の理論的根拠を与えるのである．周期表は最外殻の電子配置が同じ元素を縦に積んだものに相当する．たとえば，アルカリ金属元素（Li, Na, Kなど）の最外殻の電子配置はすべて s^1 であるし，ハロゲン元素（F, Cl, Brなど）の最外殻の電子配置はすべて s^2p^5 である．このとき周期表

表2.2　元素の基底状態の電子配置

元素		K	L		M			N	
		1s	2s	2p	3s	3p	3d	4s	4p
1	H	1							
2	He	2							
3	Li	2	1						
4	Be	2	2						
5	B	2	2	1					
6	C	2	2	2					
7	N	2	2	3					
8	O	2	2	4					
9	F	2	2	5					
10	Ne	2	2	6					
11	Na	2	2	6	1				
12	Mg	2	2	6	2				
13	Al	2	2	6	2	1			
14	Si	2	2	6	2	2			
15	P	2	2	6	2	3			
16	S	2	2	6	2	4			
17	Cl	2	2	6	2	5			
18	Ar	2	2	6	2	6			
19	K	2	2	6	2	6		1	
20	Ca	2	2	6	2	6		2	
21	Sc	2	2	6	2	6	1	2	
22	Ti	2	2	6	2	6	2	2	
23	V	2	2	6	2	6	3	2	
24	Cr	2	2	6	2	6	5	1	
25	Mn	2	2	6	2	6	5	2	
26	Fe	2	2	6	2	6	6	2	
27	Co	2	2	6	2	6	7	2	
28	Ni	2	2	6	2	6	8	2	
29	Cu	2	2	6	2	6	10	1	
		2	8		18				

の縦の欄の元素の性質や反応性がよく似ているということは，元素の性質や反応性に対して最外殻の電子配置が大きく影響することを反映している．周期表は 19 世紀終わりにメンデレーエフ（D. I. Mendeleev）が経験的に提唱したものであるが，その先見性は高く評価されるべきであろう．

2.4.3 イオン化エネルギーと電子親和力

原子から電子を取り去るのに必要なエネルギーのことを**イオン化エネルギー**（ionization energy; IE）という．図 2.8 に示すように最初の 1 個の電子を取り去るのに必要なエネルギーを第一イオン化エネルギーといい，電子が抜けて +1 価のイオンになった原子からさらに電子を 1 個取り去るのに必要なエネルギーを第二イオン化エネルギー，以下同様に第三，第四，…イオン化エネルギーという．

イオン化エネルギーは，電子のエネルギー準位と電子配置についての情報を与えてくれる．図 2.9 は元素の第一イオン化エネルギーを原子番号 Z の順に示したものである．希ガス（He, Ne, Ar など）で極大値を示すのは閉殻構造が安定であることを示し，これに対してアルカリ金属（Li, Na, K など）で極小値を示すのは最外殻の 1 個の ns 電子が外れやすいことを表している．

核電荷が $+Ze$ で電子が 1 個のイオン（これを水素類似イオンという）のエネルギーは $E = -Z^2e^2/(8\pi\varepsilon_0 a_0 n^2)$ であり，そのイオン化エネルギーは，$IE = -E = Z^2e^2/(8\pi\varepsilon_0 a_0 n^2)$ となる（図 2.8）．

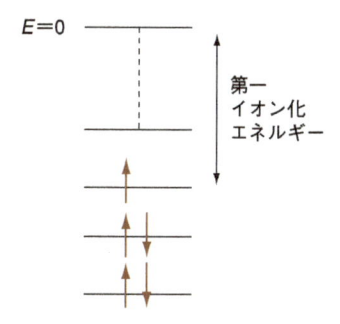

図 2.8 イオン化エネルギーとエネルギー準位

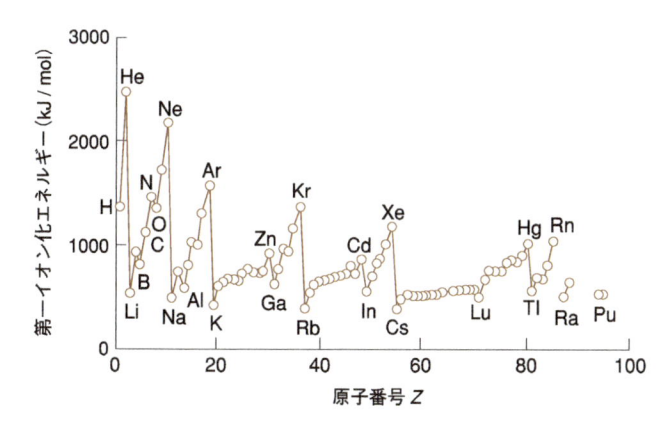

図 2.9 元素の第一イオン化エネルギー

原子のイオン化エネルギーはこれを基準にして，遮蔽効果と主量子数 n によって説明できる．たとえば図2.9をみると，最初のHからHeになると増大するが，これは Z が1から2になるためである．しかし，このとき $Z^2 = 4$ 倍になるはずであるが，実際には2倍ほどの増大である．これは電子の遮蔽効果によるものとして説明できる．さらに，HeからLiになると急激に減少する．これは最外殻電子の主量子数が1から2になるためである．しかし，Z も2から3に変化してイオン化エネルギーを減少させる方へ働くのであるが，内側の2個の1s電子による遮蔽効果のために Z の効果を弱めている．

一方，原子核の電荷が大きいために，余分の電子を引きつけて陰イオンになる性質をもっている元素が存在する．この陰イオンになるときに放出するエネルギーを**電子親和力**（electron affinity）という．電子親和力が大きいということは，電子を引きつける力が大きくて陰イオンの方が安定だということである．この電子親和力にもイオン化ポテンシャルと同じように周期性がある．周期表の上段の元素ほど，また周期表の右側の元素ほど大きくなる（ただし，18族の希ガス元素は除く）．

章末問題

1. 次の事項について，たがいの関係を説明せよ．
   （波動関数，電子雲，確率密度，動径分布関数）

2. オービタル（orbital）はボーアの原子モデルでの軌道（orbit）とは区別して使われる．その違いを説明せよ．

3. 水素原子のイオン化エネルギーを求めよ．

4. なぜ主量子数 $n = 1$（K殻），$n = 2$（L殻），$n = 3$（M殻）の電子軌道の数がそれぞれ2，8，18となるのか．説明せよ．

5. 電子親和力がハロゲン元素（F, Cl, Brなど）で極大になり，希ガス元素（He, Ne, Arなど）で極小になる理由を電子配置に基づいて説明せよ．

3 共有結合と分子

複数の原子が化学結合を介して，分子という構造単位を形成する．化学結合の形成を電子について考えてみると，原子のなかでの運動から分子のなかでの運動への移行であるといえる．このとき，エネルギーは低くならなければならない．この章では，どのようにして化学結合が形成され，固有の形をもった分子がつくられるのかについて説明する．

KEY CONCEPT
- 共有結合
- 分子軌道法
- 結合エネルギー
- 混成軌道

3.1 原子から分子へ

3.1.1 共有結合

2個の原子から1個の分子がつくられるとき，それぞれの原子に属していた不対電子を1個ずつだしあって，原子間で電子対を形成して共有する．それぞれの原子は，その一対の電子対を共有することによって希ガスの電子配置となって安定化する．これがルイス（G. N. Lewis）の提案した**共有結合**（covalent bond）である．第二周期の原子では，最外殻は8個の電子に取り囲まれて安定になるというのが，ルイスが唱えたオクテット則である（水素原子の場合は2個なのでダブレット則になる）．1個の価電子を・で表すと，水素分子はH：Hと書ける．たとえば，塩素分子の場合では，Cl原子は最外殻に7個の価電子をもっているので右図のように，両原子の中間にある2個の電子を共有して，それぞれが8個の価電子をもつようになる．また，酸素分子の場合では，最外殻の価電子は6個なので右図のようになって，中間にある4個の電子を共有して，そ

:Cl:Cl:

:O::O:

ルイスの電子式

れぞれの価電子は8個となる．このような表記をルイスの電子式という．Cl_2分子は一対の結合電子による結合で，1本の共有結合を形成する．これを一重結合という．1本の共有結合を－で記すと，Cl－Clとなる．O_2分子は二対の結合電子からなるもので，二重結合と呼んで，O＝Oと記す．N_2分子では，オクテット則を満たすためには三対の電子を共有することになるので，三重結合になり，N≡Nと記す．

このようにしてルイスの電子式は，化学結合を巧みに表記するものであった．しかしながら，なぜ電子が8個になるのかなどの理由は明らかにされなかった．さらにまた，これは結合のエネルギーに関しては何も教えてくれなかった[1]．

2章で説明したように，原子は，プラスの電荷をもった原子核のまわりをマイナスの電荷をもった電子雲がとりまいているという構造であった．マイナスの電荷をもった電子どうしは反発するはずである．それなのに，どうして原子どうしは引き合って結合を生じるのだろうか？　また，どのような力が働いて引き合っているのだろうか？　疑問に思う人も多いであろう．

このことを明らかにするには，原子に含まれる電子が，広がりをもつばかりではなく，たえず運動していることを考慮しなければならない．先に説明したように，電子は粒子性と波動性を合わせもっているが，いま仮に粒子だとすると，その運動は原子核を中心とする振動運動と円運動が混ざったものであると考えられる．電子運動の軌跡を描くことができるとすれば，原子核の近傍では曲げられたりするが，左図のようなあたかも栗やウニのイガのようなもので，全体として球形となっているようなものが想定できる．電子は原子の大きさの狭い空間のなかで光速度の10分の1程度の猛スピードで走りまわっている．すなわち，1秒間に10^{17}回も振動している計算になる．このような2個の水素原子が接近してくるとき，原子核を結ぶ軸方向の電子の運動状態をみると，二つのケースが発生していることがわかる．第一は，図3.1(a)のようにA原子の電子がB原子のほうへ向いているときに，B原子の電子もA原子の方向へ向かっているような（位相がそろっていない）ケースである．このときマイナス電荷どうしは互いに接近するので，当然反発するであろう．またAの電子がBから遠ざかり，Bの電子もAから遠ざ

[1] ルイスの電子式自身も問題点をかかえていた．たとえばO_2分子について，ルイス式ではすべての原子が結合電子対か孤立電子対なっている．しかし，実験ではO_2分子は常磁性を示す．これは不対電子が存在することを意味し，ルイス式は現実を正しく表現していない．

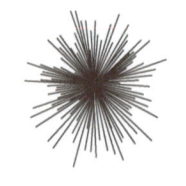

電子の軌道モデル

(a) 反結合性（位相がそろっていない）　　(b) 結合性（位相がそろっている）

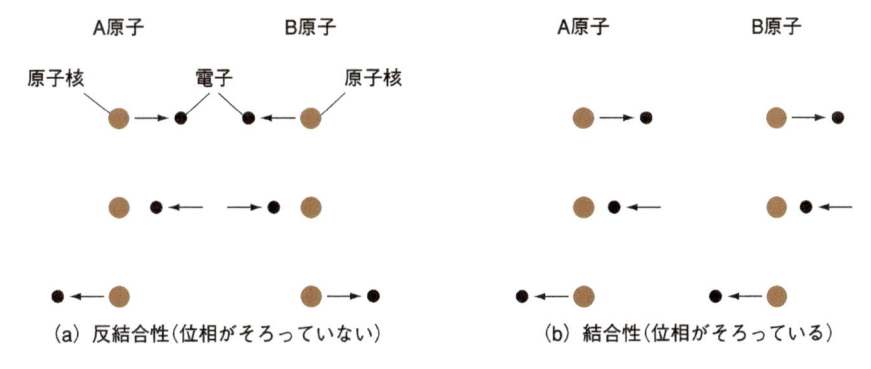

図 3.1　二つの原子の電子運動の位相（● : 原子核，● : 電子）

かるときは原子核のプラス電荷どうしが接近することになり，反発状態である．これらのケースでは結合は生じない．第二は，図 3.1 (b) のように A 原子の電子と B 原子の電子が同じ方向に運動している（位相がそろっている）ケースである．このケースでは，A 原子の電子のマイナス電荷と B 原子の原子核のプラス電荷の間，あるいは A 原子の原子核のプラス電荷と B 原子の電子のマイナス電荷の間にクーロン力による引き合う力が働いて結合を生じることになる．このようにしてできる結合が共有結合で，ここでの引き合う力の根源も，やはりプラスとマイナスが引き合うクーロン力だといえる．

　分子の場合も原子と同様に，電子は軌道（オービタル）に入っている．しかし，分子は 2 個以上の原子核をもっているので，そのオービタルの形状は，原子核が 1 個だけの原子の場合とは当然異なっている．原子のオービタル（**原子軌道**）を AO（atomic orbital）と呼び，分子のオービタル（**分子軌道**）を MO（molecular orbital）と呼ぶ．

　そこで，分子についても原子の場合と同様に，分子を構成する原子核全体をとりまく空のMOをあらかじめ決定しておき，そこへ電子をはめ込んでいくというやり方をとる．そのとき，原子についてのパウリの排他原理やフントの規則などの構成原理は分子についても適用される．このようにして分子の電子状態を求める方法が**分子軌道法**（molecular orbital theory）である．これは原子について 2 章で説明した，あらかじめ決めた軌道に電子をはめこんで多電子原子をつくった方法とまったく同じやり方である．

3.1.2 水素分子

無限に離れた二つの水素原子 A と B が互いに近づいてきて水素分子をつくる場合を考える．電子の振る舞いを波としてみるとき，二つの波が出合うと干渉現象を示す．同位相で重なり合うと大きな波となるが，逆位相で重なり合うと波は打ち消し合う．2 個の水素原子それぞれに属していた二つの 1s-AO が接近して相互作用をするとき，図 3.2 に示すような強める相互作用と打ち消し合う相互作用が発生する．図 3.3 は二つの 1s-AO の重なりの様子を示す．

二つの 1s 波動関数を結合距離まで接近させたとき，同位相では二つの波動関数の振幅は足し合わせになって，図 3.3(a) の右側の状態になる．この場合，2 個の原子核の間の電子密度が高くなる．この MO を**結合性 MO**（bonding MO）という．このような波の相互作用は数学的に構成原子の **AO の一次結合**（linear combination of AO）によって表現される．A 原子の 1s-AO を $\psi_{1s}(A)$，B 原子の 1s-AO を $\psi_{1s}(B)$ として，二つの 1s-AO からつくられる水素分子の MO を Ψ とすると，二つの 1s-AO の同位相の重なりによって生じる MO は次のように書ける．

$$\Psi = \psi_{1s}(A) + \psi_{1s}(B) \tag{3.1}$$

同位相の AO の重なりは円柱対称性をもっている．MO が円柱対称性をもつ場合を σ-MO という．

一方，二つの水素の 1s-AO の逆位相での重ね合わせは数学的には引き算となる．図 3.3(b) はその様子を示す．

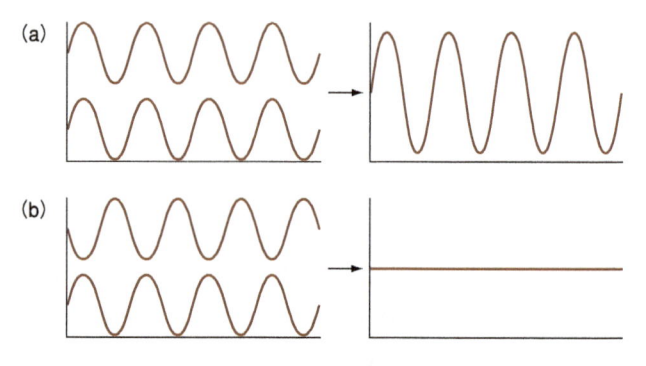

図 3.2　波の干渉
(a) 強め合う重なり，(b) 打ち消し合う重なり

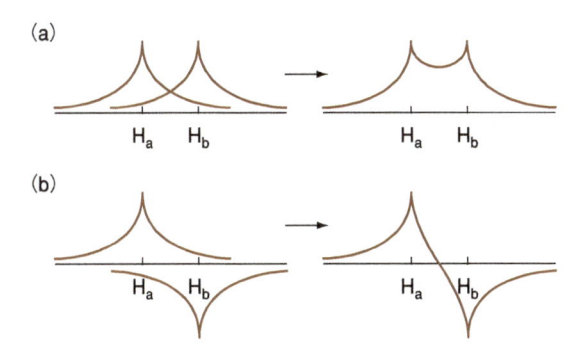

図 3.3　2 個の水素原子による 1s-AO の重なり
(a) 同位相の重なり，(b) 逆位相の重なり

$$\Psi^* = \psi_{1s}(A) - \psi_{1s}(B) \tag{3.2}$$

この場合では，結合領域での電子密度は減少する．この MO を**反結合性 MO**（antibonding MO）といい，σ^*-MO と記す．反結合性 MO の形は結合性 MO の形と大きく異なっている．

ここでは複雑になるので詳しく述べないが，妥当な近似のもとに波動方程式を解くことによって，MO のエネルギーをかなり正確に見積もることができる．二つの AO が一次結合をするとき，必ず構成原子の AO と同数の MO ができる．1s-AO が混ざり合って分裂するときの様子を図 3.4 に示す．一つは結合性の MO(Ψ) で，そのエネルギーは 1s エネルギーよりも低くなり，もう一つは反結合性の MO(Ψ^*) で，そのエネルギーは 1s エネルギーよりも高くなる．

このようなエネルギー準位の分裂は，AO から MO がつくられるときにはいつも起きる重要なことである．そのエネルギー分裂の大

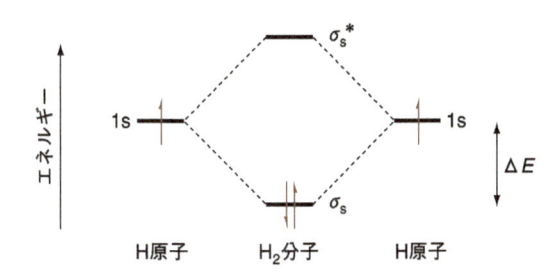

図 3.4　水素分子の MO エネルギーと電子配置

きさは原子軌道の混じり合いの程度によって異なり，軌道相互作用が大きいほど分裂の幅は大きくなる．また，AOエネルギーの上と下に分裂した二つの分子軌道の形は互いに大きく異なっている．

　水素分子の電子配置は，図3.4に示すように，このようにしてあらかじめ得られたMOに下から順に2個の電子を入れたものである．図3.4のΔEの2倍（電子2個分）が分子の生成にともなう安定化エネルギーである．

　MOの形は，AOの場合と同じように，三つの量子数で特徴づけられる．nとlは原子軌道と同じ意味をもつが，mについては少し異なっている．mは原子を結ぶ直線（分子軸）で定義される，方向の配向性を表している．$m=0$をσ軌道，$m=\pm 1$をπ軌道，$m=\pm 2$をδ軌道と呼ぶ．σ軌道は分子軸方向でみたとき，原子のs軌道のように円柱対称性をもっている．原子のp, d軌道に相当するものがπ, δ軌道である．

　図3.5は核間距離（R）に対するMOエネルギーの変化を表したものである．反結合性のMOであるΨ^*から得られるエネルギーは，Rが無限大の距離から小さくなっていくにつれてしだいに増加するだけである．一方，結合性のMOであるΨから得られるエネルギーは極小を示して，その後急激に増大する．この極小となるエネルギーの絶対値が**結合エネルギー**（bond energy）[2]であり，そのときのRの値R_eを平衡核間距離といい，これが**結合長**（bond

2) 結合エネルギーは，実測で得られる解離エネルギーとゼロ点エネルギーの和である．

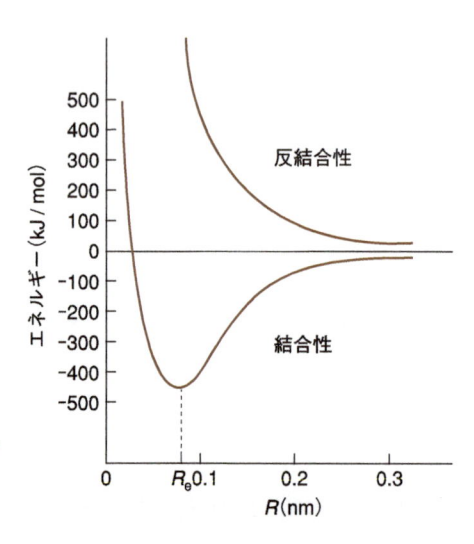

図3.5　H₂分子の結合性MOと反結合性MOからのエネルギーの，核間距離（R）に対する変化
（R_e：平衡核間距離）

length）である．水素分子の結合エネルギーは 432 kJ/mol で，結合長は 0.074 nm である．

3.2 二原子分子

3.2.1 等核二原子分子

周期表の第二周期の原子が関与する二原子分子では p-AO の混合を考える必要がある．二原子分子では結合軸方向を z 軸にとる．三種類の p-AO は同等ではなくて，p_z-AO と p_x-AO あるいは p_y-AO とでは異なっている．s-AO の混合と同じように，いずれの混合でも結合性と反結合性の二つずつの MO を生じる．p_z-AO の混合で得られる MO は図 3.6(a)のように，結合軸方向に円柱対称性をもっている．これは p-AO からできた σ-MO なので $σ_p$-MO と記す．一方，p_x-AO および p_y-AO の混合を図 3.6(b)に示す．このような MO は $π_p$-MO と記す．

$π_p$ 結合に比べて $σ_p$ 結合の方が結合軸付近の電子密度が大きいの

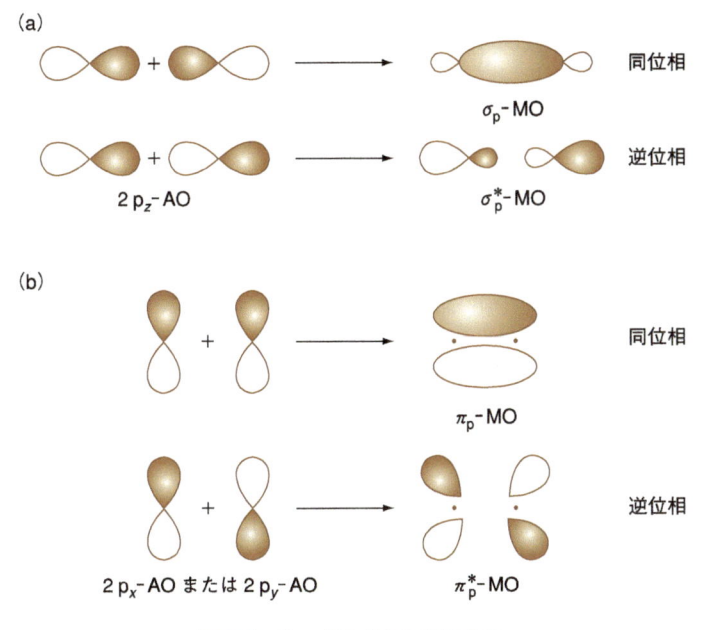

図 3.6　2 p-AO どうしの重なり
(a) 2 p_z-AO どうしの同位相と逆位相の重なり
(b) 2 p_x-AO どうしまたは 2 p_y-AO どうしの同位相と逆位相の重なり

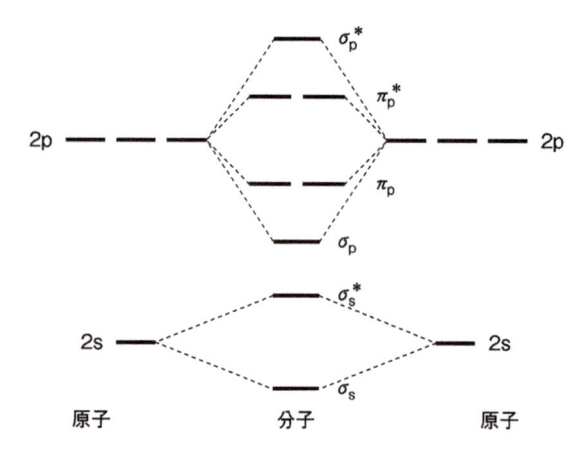

図3.7 2s-AOと2p-AOの分裂によって生じるエネルギー準位

で，σ_p の方が強い結合となる．したがって，分裂にともなう安定化エネルギーは σ_p 準位の方が大きい．このようなことを考慮して2s-MOと2p-MOの分裂について，図3.7のようなエネルギー準位図を得る．

　LiからNeまでの第二周期の原子どうしでつくられる等核二原子分子の電子配置は基本的に，図3.7のエネルギー準位にしたがって下から順に電子を入れたものである．LiからNeの原子にはもう一つ1s軌道が存在するが，これは結合にほとんど関与しないので準位図から省いている．このような電子を内殻電子という．それに対して，結合に関与する電子を原子価電子と呼ぶ．O_2，F_2，Ne_2 分子については図3.7の準位図をそのままあてはめることができ，それぞれの数の電子を入れたものが電子配置となる．O_2 について図3.8に示した．フントの規則にしたがって電子を入れると，π^*-MOにスピンを平行にして2個の不対電子が存在することになる．これは実験結果が示す常磁性を説明するものである．

　ところが，Li_2，Be_2，B_2，C_2，N_2 では複雑なことが起きる．図3.7はエネルギーの順序だけを示したもので目盛りは示していない．MOのなかの電子は相互作用する．相互作用するのは，対称性が同じでエネルギー準位が近い場合である．たとえば N_2 の場合では，σ_{2s}^* と σ_{2p} との相互作用が起きる．二つの準位が相互作用すると，さらに新しい結合性と反結合性の二つの準位に変わる．このような理由から，N_2 をはじめ C_2，B_2，Be_2，Li_2 の準位図は図3.7の順序と

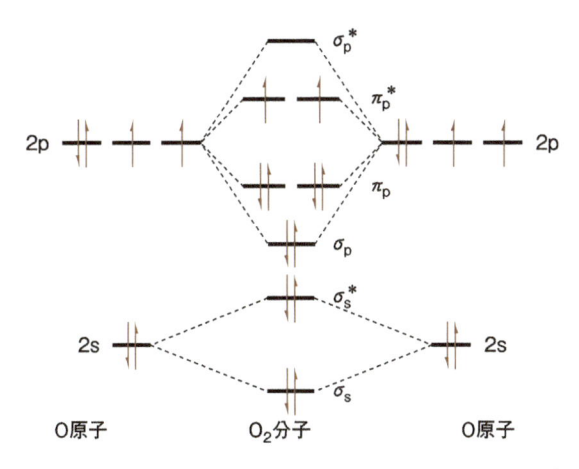

図3.8 O₂ 分子の MO エネルギーと電子配置

は異なってくる．図3.9は第二周期の原子どうしの二原子分子の電子配置である．

ここで，**結合次数**（bond order）を次のように定義する．

$$（結合次数）= \frac{1}{2}\left\{（結合性 MO にある電子の数）-（反結合性 MO にある電子の数）\right\}$$

これを用いて結合を整理することができる．H_2 の結合次数は1となるので，一重結合である．O_2 の結合次数は2なので，二重結合である．N_2 の結合次数は3で，三重結合といった具合である．代表的な二原子分子の結合次数，結合長，結合エネルギーを表3.1にまとめた．

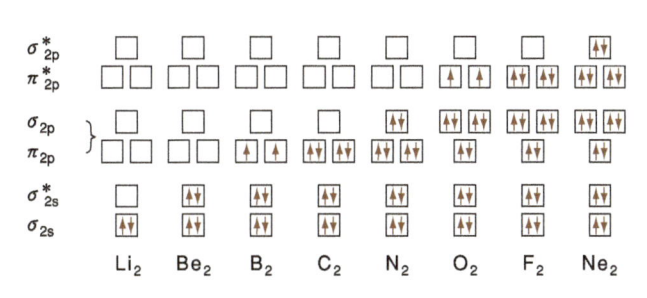

図3.9 等角二原子分子の電子配置

表3.1　等核二原子分子の結合次数，結合長，結合エネルギー

等核二原子分子	結合次数	結合長 (nm)	結合エネルギー (kJ/mol)
H_2	1	0.074	432
He_2	0	—	≪1
Li_2	1	0.267	105
Be_2	0	0.245	~9
B_2	1	0.159	289
C_2	2	0.124	599
N_2	3	0.110	942
O_2	2	0.121	494
F_2	1	0.141	154
Ne_2	0	0.310	<1

3.2.2　異核二原子分子

　異核二原子分子では構成している2個の原子が異なっているので，構成原子の二つのAOエネルギーの大きさは等しくない．そのため，エネルギー準位図は非対称になる．図3.10はA原子の2s-AOとB原子の2s-AOからMOがつくられるときの様子を示している．図3.10に示した結合状態の波動関数から，電子の分布はB原子側にかたよっていることがわかる．このことは$A^{\delta+} - B^{\delta-}$と表されるように共有結合にイオン性が生じることを意味している．このような結合の部分的な極性は，分子自身が極性をもつことを意味する．つまり，異核二原子分子は極性分子である．

　結合や分子の極性の強さを理解するときには，部分電荷として扱うのでなく，電荷分布によって生じる（電気）双極子（electric dipole）で記述するほうが簡単である．距離 R だけ離れた2個の電荷

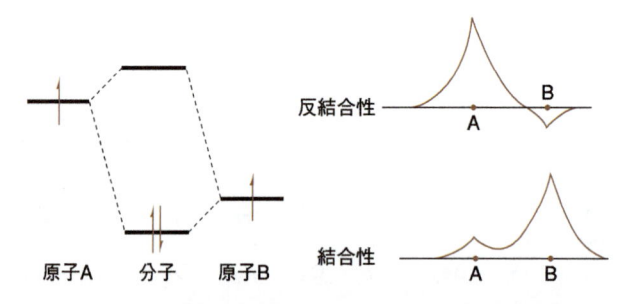

図3.10　異核二原子分子のAOとMOおよび波動関数

+qと−qからなる双極子の**双極子モーメント**（dipole moment）μ は

$$\mu = qR \tag{3.3}$$

で与えられる（図3.11）．極性の大きさは双極子モーメントによって数値化される[3]．双極子モーメントは，それに比例する長さでマイナス電荷の中心からプラス電荷中心に向かう矢印で表記する．

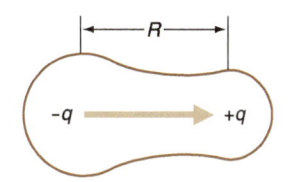

図3.11 異核二原子分子の双極子モーメント

[3] 双極子モーメントのSI単位はクーロン・メートル（Cm）であるが，慣習的にデバイ（D）単位が今でもよく使われている．多くの分子で1Dに近い値になることや，以前は静電単位系が用いられてきたなごりだろう．
  $1\,\text{D} = 3.335 \times 10^{-30}\,\text{Cm}$

3.3 その他の多原子分子

多くの原子から構成される一般的な分子についても，基本的にはあらかじめ基準となるMOを決めて，エネルギーの低い状態から順に電子を入れていくという手法を使う．ここでは，構成原子が3個以上の多原子分子で生じる新たな問題について説明する．

共有結合の重要な特徴は，方向性をもっていることである．それはs軌道以外のすべてのAOが，電子分布に方向性をもっていることに起因している．共有結合の方向性は分子の構造を決める要因なのである．

多原子分子になると原子のAOの数が増える．そのため原子から分子がつくられるとき，すなわち共有結合が形成されるとき，原子のAOがそのまま保たれず，s-AOとp-AOの間，あるいはs-AOとp-AOとd-AO間で相互作用をして，変形することがある．

たとえば，メタン分子（CH_4）について見てみよう．メタンの分子構造は図3.12のように，結合角がすべて互いに109°48′の等価な4個のC−H共有結合からなる正四面体型構造をしている．一つの原子が他の原子との間でつくる共有結合の数を原子価といい，炭素の原子価は4となっている．

メタンはどうしてこのような分子構造になっているのであろうか？ 炭素原子の基底状態の電子配置は $(1s)^2(2s)^2(2p_x)^1(2p_y)^1$ である．したがって，もしこのままであれば，共有結合をつくるのに必要な不対電子の数はp-AOにある2個のはずである．これでは4個の等価なC−H結合とはならない．そこで，4個の等価な結合をつくるためには，2s-AOの2個と2p-AOの2個の電子から原子軌道が変化して，新たに等価な4個の軌道ができると考える．すなわち，$(1s)^2(2s)^2(2p_x)^1(2p_y)^1$ から $(1s)^2(2s)^1$

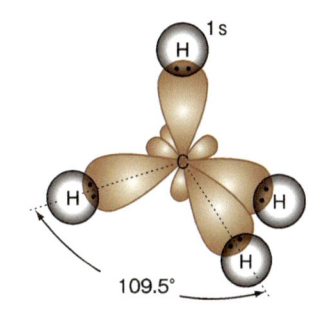

図3.12 メタンの炭素原子の sp³ 混成

$(2p_x)^1(2p_y)^1(2p_z)^1$ へ変化すれば原子価が4となる．このような新たな電子配置を**原子価状態**（valence state）と呼び，原子価状態への変化を**昇位**（promotion）という．昇位は上の空の準位への電子の励起なので，そのエネルギーは基底状態より高くなる．しかし，結合生成にともなう安定化エネルギーのほうがもっと大きくなるので，共有結合は形成される[4]．しかしこのとき，炭素の原子価状態は $(2s)^1(2p_x)^1(2p_y)^1(2p_z)^1$ である．このままでは一つのs電子による結合と三つのp電子による結合という非等価な結合がつくられることになる．正四面体型の構造で4本の等価な σ 結合をつくるためには，さらにAOが変形することが必要となる．これが**混成**（hybridization）である．分子が形成されるときにCの一つの2s軌道と三つの2p軌道が混ざって四つの等価な軌道が形成される．これが **sp^3 混成軌道**（sp^3 hybrid orbital）である．混成とエネルギー準位の関係を図3.13に示す．

[4] 昇位エネルギーは600〜700 kJ/molであるのに対して，結合による安定化エネルギーは1200〜1600 kJ/molである．

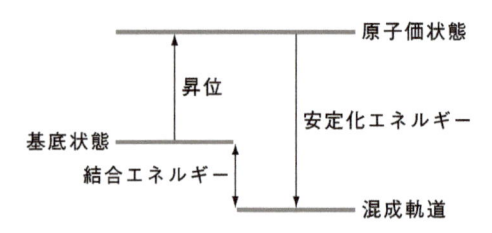

図3.13 混成とエネルギー準位

続いて，H_2O 分子について考えよう．O原子の基底状態の電子配置は $(1s)^2(2s)^2(2p_x)^2(2p_y)^1(2p_z)^1$ である．原子価電子は $2p_y$ と $2p_z$ であり，それぞれが水素原子と結合をつくれば，H–O–Hの結合角は90°になると予想される．しかしながら，実測の結合角は104.5°である（図3.14）．これは sp^3 混成を考えなければ説明できない．$(2s)^2$ と $(2p_x)^2$ と $(2p_y)^1$ と $(2p_z)^1$ の6個の電子による等価な状態が形成されるのである．sp^3 混成軌道のうち二つの軌道が電子対で占められているとして説明される．

sp混成軌道（sp hybrid orbital）は，一つのs軌道と一つのp軌道が混ざって二つの等価な混成軌道をつくる．その例が BeH_2 分子である．BeH_2 分子は直線形で，Beの基底状態の原子価は2となっている．Beの基底状態での電子配置は $(1s)^2(2s)^2$ で，不対電子

はない．しかしながら，$(1s)^2(2s)^1(2p)^1$ で表される原子価状態へ昇位することによって原子価が2となる．すなわち，分子がつくられるときに Be の価電子の軌道が変形し，水素原子との重なりが最大になるように 2s-AO が加わった混成によって等価な2本の AO がつくられていると考える．これが sp 混成軌道である．

一つの s 軌道と二つの p 軌道が混ざって三つの等価な混成軌道がつくられる．これは平面内でたがいに 120° の結合角をもった3本の等価な結合ができ，平面三角形の分子を形成する．これが **sp² 混成軌道**（sp² hybrid orbital）である．この例は BH_3 分子やエチレン分子である．エチレン分子について図 3.15 に示すように，それぞれの炭素原子は sp² 混成軌道を形成している．1本は炭素原子どうしの σ 結合で，残りの2本は水素原子の 1s と σ 結合を形成している．炭素原子間は，混成しないで残った p_z 軌道による π 結合が加わって二重結合となる．

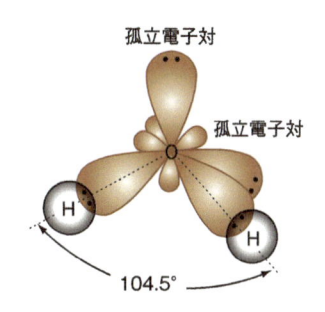

図 3.14 水の分子構造

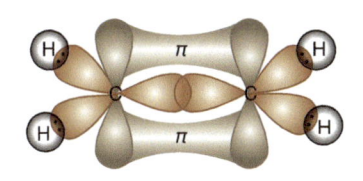

図 3.15 エチレン分子の結合

ベンゼンやグラファイトの炭素も sp² 混成によって説明できる．ベンゼンは平面構造をとり，6個の炭素原子が六角形の輪をつくっている（図 3.16）．それぞれの炭素は1個の水素および隣接する2個の炭素と結合している．σ 結合からなる骨格は sp² 混成による6個の炭素によってつくられている．それぞれの炭素について，二つの sp² 混成軌道を隣の炭素との結合に使い，残り一つの混成軌道を水素との結合に使っている．

その他の混成の例として，d 軌道がかかわるケースも知られている．dsp^3 混成による PCl_5 の三角両錐型構造や，d^2sp^3 混成による SF_6 の八面体型構造などがある．

<mark>混成は一般に，同一原子内でのエネルギーが近い AO どうしで起こりやすい．</mark>

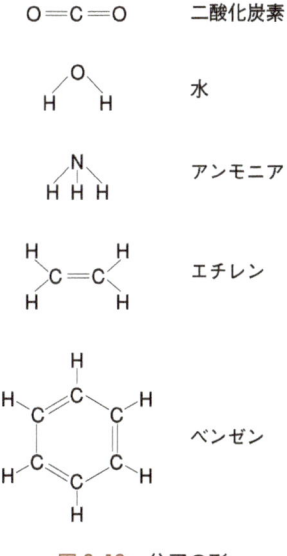

図 3.16 分子の形

このように，原子価状態への昇位とそれに続く混成を考えることによって，多原子分子の立体的構造や化学的性質を説明することができる．

章末問題

1. N_2, H_2O, CO_2 分子のルイスの電子式を書け．

2. 2個のヘリウム原子が結合して He_2 分子にならないのはなぜか．

3. LiH 分子の結合を MO にもとづいて説明せよ．

4. NH_3 分子において，H−N−H の結合角は 107.3°である．NH_3 の立体構造を電子配置にもとづいて説明せよ．

5. BH_3 分子は sp^2 混成によって平面三角形の構造となっている．電子配置にもとづいて sp^2 混成を説明せよ．

4 結合のイオン性と分子間に働く力

異なった原子からなる分子は，分子の対称性が悪いばかりでなく，分子中での電子の分布に偏りが生じてくる．つまり，分子自身を一つの電気双極子とみなすことができるようになるのである．球形の原子がイオンになった場合，プラスイオンとマイナスイオンのクーロン力による引き合う力が生じる．これがイオン結合である．一方，球形でない双極子をもつ分子になると，イオンと双極子や，双極子と双極子などの相互作用を考える必要がある．この章では，イオン結合と分子間の相互作用について解説する．

KEY CONCEPT
- イオン結合
- 電気陰性度
- 分子間相互作用
- 双極子
- 水素結合

4.1 イオン結合

イオン化エネルギーの小さい原子（あるいは電子親和力の小さい原子）は，電子を放出して陽イオンになりやすい．逆に，イオン化エネルギーが大きい原子（あるいは電子親和力の大きい原子）は，電子を引きつけて陰イオンになりやすい．陽イオンになりやすい原子から電子を放出してできたプラスイオンと，陰イオンになりやすい原子が電子を受け入れてできたマイナスイオンとが，クーロン力によって引き合ってできる結合が**イオン結合**（ionic bond）である．イオン化エネルギーが小さい元素はアルカリ金属である（図2.9を参照）．一方，電子親和力が大きいのはハロゲン元素である．したがって，エネルギー的に有利なイオン結合は LiF や NaCl のようなアルカリ金属のハロゲン化物となる．

イオン結合の形成は次の三つの過程に分けられる（図4.1）．すなわち，①A原子が1個の電子を放出してA$^+$となる．このときに必要なエネルギーがイオン化エネルギー（*IE*）である．②B原子が1個の電子を受け入れてB$^-$となる．このときの安定化エネルギーが電子親和力（*EA*）である．③正と負のイオンがクーロン力によって引き合って結合を形成する．結合力や相互作用の強さを表すのには"力"ではなく，"エネルギー"を使うのが普通である[1]．距離 r にある二つの電荷 $+q$ と $-q$ の間に働くクーロン力によるエネルギー $V(r)$ は，

$$V(r) = -\frac{q^2 e^2}{4\pi\varepsilon_0 r} \tag{4.1}$$

で与えられる．

イオン結合によって，ナトリウム原子と塩素原子から塩化ナトリウム（NaCl）が生成する過程を考えよう（図4.1）．Na が Na$^+$ になるときのイオン化エネルギーは 496 kJ/mol である．一方，Cl が Cl$^-$ になるときの電子親和力は 349 kJ/mol であり，この値は Na のイオン化エネルギーに比べて小さい．しかし，式(4.1)に NaCl の核間距離 0.236 nm を代入して計算すると，Na$^+$ と Cl$^-$ の間に働くクーロンエネルギーは，588.5 kJ/mol となる．この値は不足エネルギー

---

[1] "力" $F(r)$ は "ポテンシャルエネルギー" $V(r)$ を位置 r で微分したものである．すなわち，

$$F(r) = \frac{-dV(r)}{dr}$$

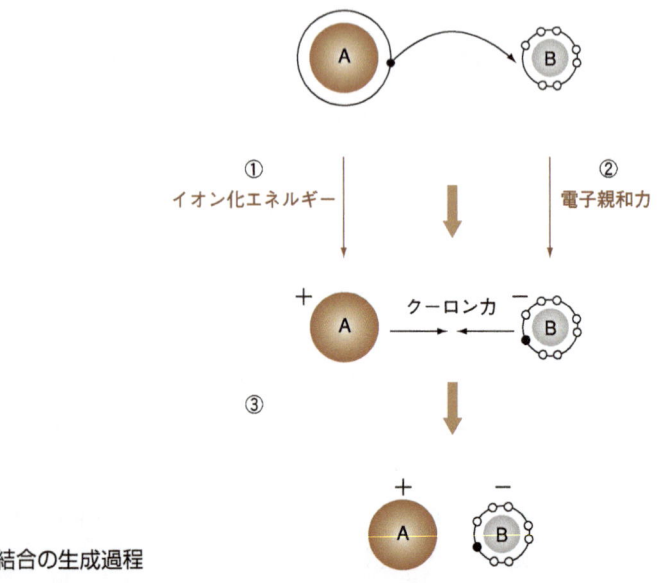

図4.1　イオン結合の生成過程

を補って余りある値である．したがって，NaClはイオン結合によって安定に存在し，その安定化エネルギーは 441 kJ/mol となる[2]．

H_2 分子のような等核二原子分子の共有結合は，原子間で電子対を対等に共有するものであった．これは極性をもたないので 100%共有結合といえる．しかし，3章で述べたように，異核二原子分子となって互いの電子状態が異なると，電子分布は一方の原子側に偏って，結合に極性を生じるようになる．いいかえると，共有結合がイオン性を帯びてくる．イオン結合は電子が一方へ完全に移った状態で，他方の極限状態だとみなすことができる．すなわち実際の化学結合は，100%共有結合から 100%イオン結合までの間の広い範囲にわたってイオン性が異なる結合が存在していることになる．

イオン化エネルギーが大きい原子，そして電子親和力が大きい原子は，電子を引きつける力が強い．その大きさを表す量が**電気陰性度**（electronegativity）である．マリケン（R. S. Mulliken）はイオン化エネルギー（IE）と電子親和力（EA）の算術平均として電気陰性度を数値化した[3]．しかし，実際にはイオン化エネルギーの方

[3] マリケンの電気陰性度（x_M）
$x_M = (IE + EA)/2$

[2] ナトリウム原子と塩素原子から NaCl イオン結晶を生成するとき，塩素は標準状態で Cl_2 (g) として存在するので (1/2) Cl_2 (g) → Cl (g) による解離エネルギーを必要とする．

一方，ここでは一対の Na^+ と Cl^- から Na–Cl ができるときのクーロンエネルギーを求めたが，実際には三次元的に並んだ結晶についての全クーロンエネルギーを計算する必要がある．このエネルギーを格子エネルギーという．NaCl の格子エネルギーは 786 kJ/mol という大きな値である．

格子エネルギーを実験で直接測定することは難しいが，図のようなエネルギーのサイクルを考えて見積もることができる．このようなサイクルはボルン・ハーバー（Born–Haber）サイクルという．

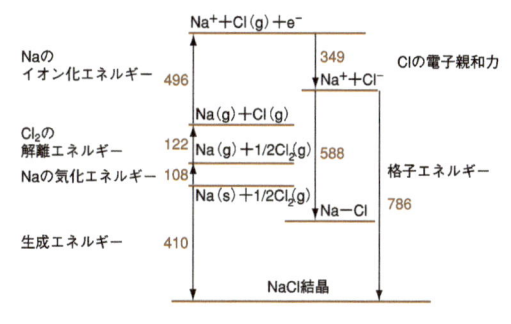

図 NaCl のボルン・ハーバーサイクル
（数値は kJ/mol 単位のエネルギー）

表4.1 元素の電気陰性度（ポーリング）

H						
2.1						
Li	Be	B	C	N	O	F
1.0	1.5	2.0	2.5	3.0	3.5	4.0
Na	Mg	Al	Si	P	S	Cl
0.9	1.2	1.5	1.8	2.1	2.5	3.0

4) ポーリングの電気陰性度 (x_P)
$x_P = 1.35(x_M)^{1/2} - 1.35$

に大きく依存するので，ポーリング（L. C. Pauling）は別の計算式を提案している[4]．表4.1は元素についてのポーリングの電気陰性度の値である．周期表の同一周期では左から右に向かって大きくなり，同一族では上段の元素の方が大きいことがわかる．

異核二原子分子の結合は共有性とイオン性が混ざっていることを先に述べた．結合の双極子モーメントの値がわかると，その結合のイオン性の割合を見積もることができる．たとえば，NaClについて，双極子モーメント μ は 30.0×10^{-30} C m である．Na−Cl の原子核間の距離 R は 0.236 nm なので，式(3.3)を使うと，電荷は $q = \mu/R = (30.0 \times 10^{-30})/(0.236 \times 10^{-9}) = 1.27 \times 10^{-19}$ C となる．一方，100％イオン結合だとすると q は単位電気量になるので $q_{100} = 1.602 \times 10^{-19}$ C である．したがって，NaCl のイオン性の割合は $q/q_{100} = 0.79$ となる．すなわち，この結合のイオン性は79％である．異核二原子分子の双極子モーメントと結合距離，そしてそれらから導かれたイオン性を表4.2に示す．

表4.2 異核二原子分子のイオン性

	双極子モーメント μ ($\times 10^{-30}$ C m)	原子核間距離 (nm)	イオン性 (%)
LiF	21.1	0.156	84
NaCl	30.0	0.236	79
KCl	34.3	0.267	80
HCl	3.6	0.128	18.5
HBr	2.7	0.142	12

4.2 分子間相互作用

4.2.1 ファンデルワールス力

あらゆる分子について，極性をもっていても，またもっていなくても，共有結合やイオン結合という化学結合に比べるとずっと弱いながら分子間で引き合う力が存在する．分子が集まって液体や固体のような凝集体になることが，その力の存在を表している．ただ，この力は非常に弱いので，室温ぐらいの温度でも熱エネルギーの影響を受ける．そのため，温度を下げないと安定に存在できない物質が多い．このような分子間力を総称して**ファンデルワールス力**（van der Waals force）という．ファンデルワールス力はその力の発生要因にしたがって，配向力と誘起力と分散力の三つに分離される．しかし，いずれの力も引き合う力の根源はすべてプラスとマイナスが引き合う力であることに気づくであろう．分子間力の大きさは，その相互作用エネルギー $V(r)$ を使って表現される．

a）配向力

分子全体として中性の分子でも，構成原子がもっている電気陰性度の違いによって，分子のなかでの電子分布に偏りを生じる．このような極性分子は双極子モーメントをもつことになる．分子の双極子モーメントは，分子内に存在するそれぞれの結合の双極子モーメントをベクトル的に合成することによって得られる．たとえば，水分子の双極子モーメントは2個のO–Hのベクトル和で，6.10×10^{-30} C m となる．結合の双極子モーメントを表4.3に示す．一重結合のなかではO–Hが圧倒的に大きい．また，二重結合や三重結合には動きやすい π 電子が含まれているので，大きな値となる．

このように極性分子自身としてもともともっている双極子をとくに**永久双極子**（permanent dipole）と呼んで，後に述べる誘起双極子や瞬間双極子などと区別する．3章で述べたように，すべての異核二原子分子では，構成原子の電気陰性度が異なっていてその差はゼロでないので部分電荷を生じる．したがって，分子として永久双極子モーメントを必ずもっている．永久双極子モーメントをもつ分子を**極性分子**（polar molecule）という．

一つの極性分子を一つの永久双極子とみなすとき，分子間の相互作用の強さは二つの永久双極子モーメント μ_1 と μ_2 の相互作用の強

J. D. van der Waals (1837-1923)
オランダの物理学者．気体の状態方程式を発見し，1910年にノーベル物理学賞を受賞．

表4.3 共有結合の双極子モーメント（$\times 10^{-30}$ C m）

C–N	0.73
C–H	1.33
C–O	2.47
N–H	4.37
C–Cl	4.87
O–H	5.04
C=O	7.67
C≡N	11.6

さとなる．これは距離 r だけでなく，互いの向き（立体角度：θ_1, θ_2, ϕ）によって変化する（図 4.2）．二つの永久双極子間の相互作用は一列に並んだ配向状態のとき，最大となる．しかし，永久双極子モーメントどうしの相互作用エネルギーは，室温ぐらいの温度でも熱エネルギーより小さい．したがって，分子は互いに自由に運動ができ，いろいろな配向状態が存在していることとなる．そのため，ある温度での分子間力は，配向状態の分布を考慮して永久双極子間の相互作用エネルギーを平均したものとなる[5]．このような永久双極子間の相互作用にもとづく分子間力を**配向力**（orientation force）という．

5) 後の章で述べるボルツマン分布を考えて平均をとる．

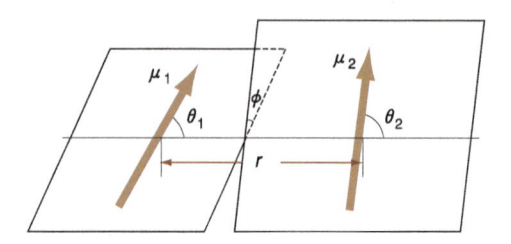

図 4.2　配向力（二つの永久双極子モーメント μ_1, μ_2 の相互作用）

b）誘起力

配向力は永久双極子モーメントをもった分子どうしの相互作用であった．これに対して，完全に無極性の分子でも，極性をもったほかの分子が近づいてくることによって，分子内に双極子が誘起される．これを**誘起双極子**（induced dipole）という．無極性分子の分極率を α として，他の極性分子の双極子がつくる電場を E とするとき，誘起双極子モーメント μ は $\mu = \alpha E$ で表される．永久双極子とそれによって誘起された双極子との間の相互作用を**誘起力**（induction force，またはデバイ相互作用）という．これは分子間に働く三つの相互作用のなかでもっとも小さいものである．

図 4.3 は一例として，極性の H_2O 分子と非極性の O_2 分子が近づいたときの様子を表している．孤立した O_2 分子の電子雲は平均として対称的に分布している．それに H_2O の δ^- の端が近づいてくると，電子間の反発によって O_2 分子の電子雲は変形して，双極子を生じる．誘起双極子である．その結果 H_2O 分子の永久双極子と O_2 分子の誘起双極子が引き合うようになる．

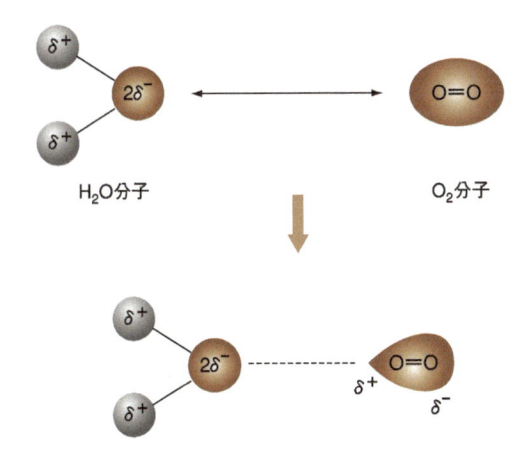

図 4.3 誘起力（永久双極子と誘起双極子の相互作用）

c) 分散力

アルゴンやキセノンのような完全に無極性な分子の間にも引き合う力が存在する．この力は分子のなかでの電子分布の"ゆらぎ"によって発生する．時間平均としては球対称な電子分布をもっている希ガスのような分子でも，電子の運動の時間スケールでみると，非対称な電子分布が発生して，瞬間的な双極子が生成している．この

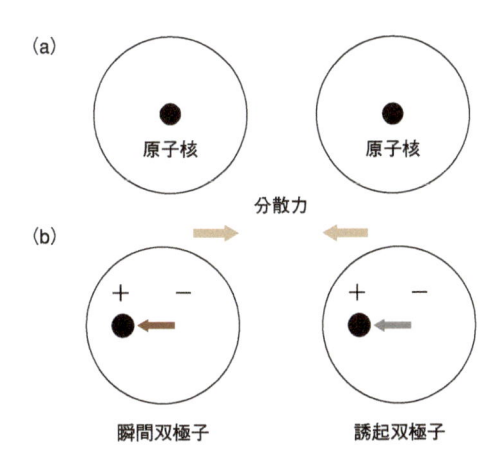

図 4.4 分散力（瞬間双極子と誘起双極子の相互作用）
時間平均として球対称な電子分布をしている分子（a）でも，瞬間的には非対称な電子分布をしているため，瞬間双極子（⬅）を生じる（b）．瞬間双極子は隣接する分子に誘起双極子（⬅）を発生させて，分子間の引き合う力（分散力）となる．

瞬間双極子はさらに，まわりの分子に双極子を誘起する．その結果，瞬間双極子と誘起双極子との間で相互作用が起きる．このような力を**分散力**（dispersion force，またはロンドン力）という．図4.4はその様子を示している．

　配向力，誘起力，分散力について，すべての分子間相互作用エネルギーは距離の6乗（r^6）に反比例する．したがって，それらを合わせた全引力相互作用のエネルギー $V_1(r)$ は次の式で表現できる．

$$V_1(r) = -\frac{C}{r^6} \tag{4.2}$$

ここで C は個々の分子で異なる定数で，三つの分子間相互作用の和；$C = C_{or} + C_{ind} + C_{dis}$ で与えられる．表4.4はファンデルワールス力のなかの配向力（C_{or}），誘起力（C_{ind}），分散力（C_{dis}）それぞれの力の大きさを示す．無極性分子間に働くファンデルワールス力は分散力だけであるが，極性分子になると，これに配向力と誘起力が加わる．一般に，分散力の寄与がもっとも大きい．

　一方，分子どうしが非常に接近した状態を考えると，電子間の反発が急激に増大する．その反発相互作用のエネルギー $V_2(r)$ の急激な上昇は

$$V_2(r) = \frac{C^*}{r^{12}} \tag{4.3}$$

と表される．電子雲が重なるぐらい接近すると，ポテンシャルエネ

表4.4　ファンデルワールス力のなかの配向力，誘起力，分散力の大きさ（10^{-79} J m^6）

	配向力 (C_{or})	誘起力 (C_{ind})	分散力 (C_{dis})
Ne ⋯ Ne	0	0	4
CH$_4$ ⋯ CH$_4$	0	0	102
HCl ⋯ HCl	11	6	106
NH$_3$ ⋯ NH$_3$	38	10	63
H$_2$O ⋯ H$_2$O	96	10	139

（温度：293 K）　$C = C_{or} + C_{ind} + C_{dis}$

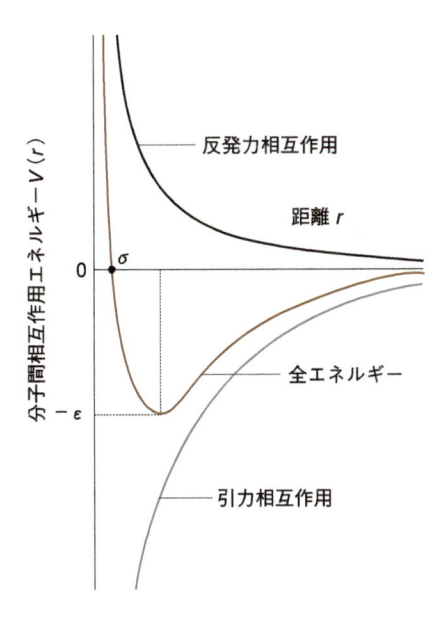

図4.5 分子間の相互作用エネルギー曲線

ルギーは急激に増大するが，少し離れると非常に小さくなる．したがって，無極性分子間に働く全相互作用のポテンシャルエネルギーは式(4.2)と式(4.3)を合わせて次のようなかたちで書かれる．

$$V(r) = 4\varepsilon\left\{\left(\frac{\sigma}{r}\right)^{12} - \left(\frac{\sigma}{r}\right)^{6}\right\} \tag{4.4}$$

これがレナード・ジョーンズのポテンシャル（Lennard-Jones potential）である．εとσは物質に固有の定数である．図4.5に示すように，$-\varepsilon$はエネルギーの極小値で，結合エネルギーに相当する．そして，$2^{1/6}\sigma$がそのときの分子間距離にあたる．表4.5に分子のレナード・ジョーンズ定数εとσを示した．分子間相互作用のエネルギーは，たかだか$-2\,\mathrm{kJ/mol}$で，これが分子間の凝集力である．共有結合やイオン結合などの化学結合，さらに水素結合に比べても非常に弱い力であることがわかる．後の章で学ぶことであるが，25℃で分子がもつ平均の運動エネルギーは$3.7\,\mathrm{kJ/mol}$である[6]．この値に比べても分子間相互作用は小さいのである．

表4.5 レナード・ジョーンズ定数

	ε (kJ/mol)	σ (nm)
Ar	1.0	0.34
H_2	0.31	0.29
N_2	0.79	0.37
O_2	0.98	0.36
CO	0.83	0.38
CO_2	1.50	0.45
CH_4	1.29	0.38

[6] モルあたりの平均の運動エネルギーは $(3/2)\,RT = 3.7\,\mathrm{kJ/mol}$ である．

4.2.2 水素結合

酸素や窒素のような電気陰性度が大きい原子（X）と共有結合を

している水素原子（H）には，同じように電気陰性度が大きい原子（Y）との間で

$$X(\delta^-) - H(\delta^+) \cdots Y(\delta^-)$$

というかたちの引き合う力が発生する．このような分子間の結合を**水素結合**（hydrogen bond）という．このように，水素原子を間にはさんだ分子間結合の場合でも，引き合う力の本質はクーロン相互作用である．つまり，プラスに分極した水素原子 $H(\delta^+)$ とマイナスに分極した酸素や窒素のような原子 $Y(\delta^-)$ との間で働くクーロン力が主体である．

水素結合は，分子間力としては非常に強い相互作用である．$O-H \cdots O$ や $N-H \cdots N$ などの一般的な水素結合の結合エネルギーは 20～30 kJ/mol である．また水素結合の結合距離（X-Y）は 0.27～0.3 nm である．この結合 X-H-Y の結合エネルギーは直線状態のときに最大となる．すなわち，方向性をもっていることが特徴である．

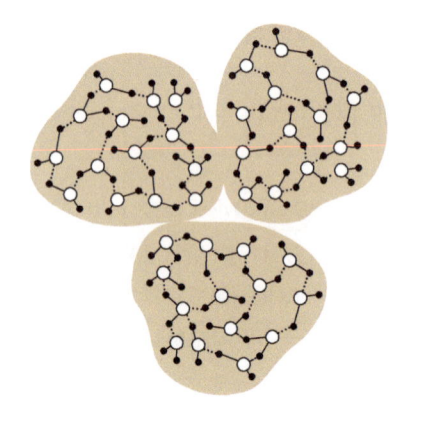

図4.6 水分子の水素結合によるクラスター構造

○-● 水分子
…… 水素結合

水素結合の代表的な例は水（H_2O）分子である．水は図4.6に示すように，水素結合を介在して三次元に発展したクラスター構造を形成している．このことから，水は強い会合性液体であるといわれる．人体は70％が水なので，水素結合の塊ともいえる．

水素結合は水以外でも生体内で重要な役割を担っている．さまざまなアミノ酸が結合してできるタンパク質の構造も，水素結合によって決められている．図4.7はペプチド鎖内やペプチド鎖間でア

図4.7 アミド間の水素結合

ミド部位どうしが形成する水素結合である．デオキシリボ核酸（DNA）は遺伝子本体を構成する重要な物質で，その二重らせん構造はよく知られている．その2本の分子鎖の間は水素結合で結ばれた塩基対が，はしごのステップのようになっている．そう強くない水素結合が切れたり結びついたりすることが，DNAの複製や遺伝情報の伝達に重要な役割を果たしている（図4.8）．

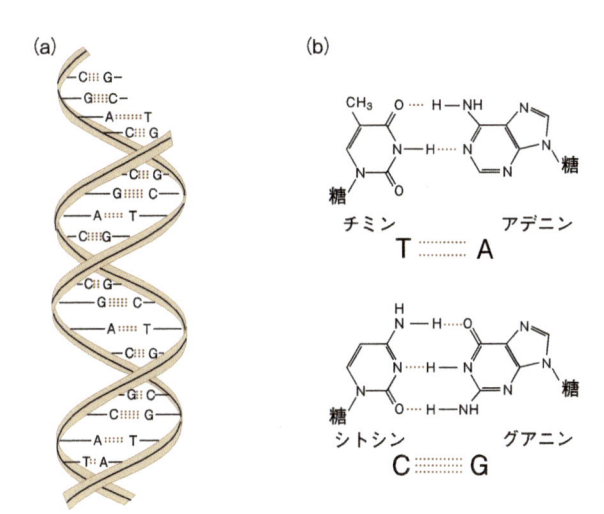

図4.8　DNAにおける水素結合による塩基対
(a)DNAの二重らせん構造，(b)塩基の構造と塩基対

4.3　結合距離と結合エネルギー

最後に，化学結合および分子間相互作用の大きさを比較するために，結合距離と結合エネルギーの値を表4.6にまとめた．共有結合，水素結合，ファンデルワールス力，いずれの結合についてもさまざ

表4.6　結合距離と結合エネルギー

	結合距離 (nm)	結合エネルギー (kJ/mol)
イオン結合	0.15–0.4	>400
共有結合（無機化合物）	0.1–0.3	130–850
共有結合（有機化合物）	0.1–0.15	290–850
水素結合	0.15–0.25	10–40
分子間相互作用（ファンデルワールス力）	0.3–0.5	<2

まな分子や，さまざまな化合物が広い範囲にわたって存在しているが，結合エネルギーは結合距離と密接に関連している．結合距離が長くなるほど結合エネルギーは小さくなる．

一般的に，結合や相互作用の引き合う力の本質はプラスとマイナスが引き合う力であることを説明した．それに加えて，結合や相互作用の大きさは，相互作用する物質の間の距離によって決まる．このことは自然界の一般的な法則といえる．

章末問題

1. 次の分子は双極子モーメントをもっているか？
   CO_2, NH_3, CCl_4, CH_3Cl, C_6H_6

2. 16族元素の水素化物を質量の軽いものからそれぞれの沸点とともに並べると H_2O（100℃），H_2S（−60℃），H_2Se（−42℃），H_2Te（−1.8℃）となる．なぜ H_2O の沸点がとくに高いのか？　また，なぜ H_2O 以外では沸点が質量の順に高くなるのか？　説明せよ．

3. HCl 分子の双極子モーメントは 3.6×10^{-30} C m で，H−Cl の原子核間距離は 0.128 nm である．HCl 分子のイオン性を求めよ．

4. レナード・ジョーンズの式（4.4）において，極小となる値が $-\varepsilon$ で，そのときの r は $2^{1/6}\sigma$ であることを確かめよ．（$dx^n/dx = nx^{n-1}$）

5. 下の表に液体試料の沸点と蒸発熱を示す．このデータから分子の性質を考察せよ．

	沸点（℃）	蒸発熱（kJ/mol）
水	100	41
メタノール	65	35
エタノール	78	39
ジエチルエーテル	35	27
アセトン	57	29
ベンゼン	80	32

5 分子の集団

KEY CONCEPT
- 理想気体
- 実在気体
- 状態方程式
- 気体分子運動論

われわれが目にできるマクロな物質は，アボガドロ数個（モル）のオーダーの原子や分子の集団である．分子の集団である気体試料について考えると，たとえばそのエネルギーは，原子や分子のエネルギーを足し合わせたものになるはずである．しかし，10^{23}個にもおよぶ足し算をすることは非現実的なので，われわれは統計論的な手法を用いることになる．この章ではまず，気体が示すマクロな特性について述べる．その後，それらのマクロな特性が，原子や分子のエネルギー（運動状態）や，大きさ，形などの原子・分子レベルのミクロな特性とどのようにして関係づけられるかについて説明する．

5.1 理想気体の状態方程式

ボイル（R. Boyle）は1660年，分子の集団としての気体試料の体積Vは，温度が一定であれば，圧力Pに反比例することを見いだした（図5.1）．すなわち，

$$P \propto \frac{1}{V} \quad \text{または} \quad PV = （定数） \tag{5.1}$$

これが**ボイルの法則**（Boyle's law）である．

気体試料の体積と温度の関係について調べたのが，シャルル（J. Charles）の初期の研究（1787年）である．圧力が一定のとき，気体試料の体積は，絶対温度Tに比例することを見いだした（図

R. Boyle（1627-1691） イギリスの化学者・物理学者．

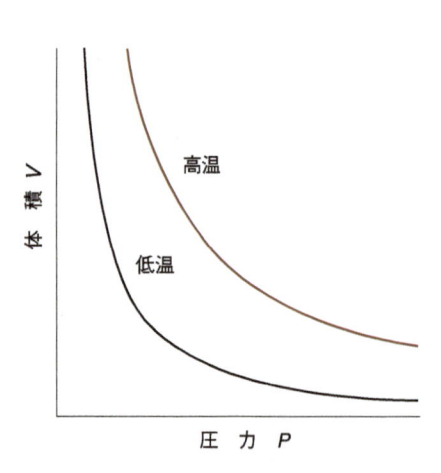

図5.1 ボイルの法則を表す V, P 等温線

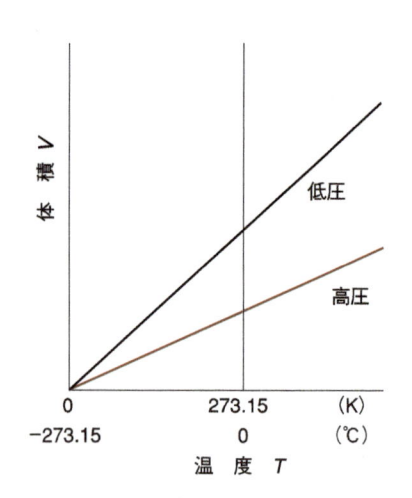

図5.2 シャルルの法則を表す V, T 等圧線

J. A. C. Charles（1746-1823） フランスの実験物理学者.

1) 気体の体積がゼロとなるときの温度をゼロとして，水の三重点（0.006 bar, 273.16 K）を基準点として目盛りづけしたもの.

5.2). すなわち,

$$V \propto T \quad または \quad V = (定数)T \tag{5.2}$$

これが**シャルルの法則**（Charles' law）である．ここで，温度を数値化するのに，ボイルの法則から100年以上の時が必要だったことがわかる.

温度のスケールとして，水の凝固点を0度，沸点を100度として目盛をふったのが℃（摂氏, t）であるが，熱力学的に合理的な温度の単位として，K（ケルビン）が定義された[1]．これが絶対温度，Tである．これらは，t（℃）$= T$（K）$- 273.15$ という関係にある.

さらに，気体の体積は気体の量に比例するが，それをモル数 n で表して，上の二つの関係を一緒にすると次のようになる.

$$V \propto n\left(\frac{T}{P}\right) \tag{5.3}$$

「同じ数の分子を含む気体試料は，同じ温度と同じ圧力のもとでは同じ体積である．分子の大きさや形などの個々の性質によらない．」というのがアボガドロの仮説である．これは，一定の温度と一定の圧力のもとでは，すべての気体について1モルの体積が等しいことを意味する．つまり，式(5.3)の比例定数はすべての気体について共通の値となる．これを**気体定数**（gas constant）といい，R で表

$R = 8.314 \, \text{Pa m}^3 \text{K}^{-1} \text{mol}^{-1}$
$ = 8.314 \, \text{J K}^{-1} \text{mol}^{-1}$

す．したがって，気体の圧力 P，体積 V，温度 T と試料の量（モル数）n の関係として，式(5.3)は次のように表現できることになる．

$$PV = nRT \tag{5.4}$$

この PVT 関係は一定量の気体について，図5.3のような三次元の曲面で表現できる．一定温度の断面は体積と圧力の反比例関係（ボイルの法則）を表し，一定圧力の断面は温度と体積の比例関係（シャルルの法則）を表す．

式(5.4)は，気体の種類に関係なく，どのような気体にも適用できる一般化された関係である．しかしながら，自然はしばしばそのように単純なふるまいをしないのも事実である．すなわち，現実の気体では，本章の後半で説明するように，式(5.4)からはずれた挙動を示す．しかし，式(5.4)は，ある一定の理想化されたモデルを仮定することによって説明することができる．このような理由で，式(5.4)があてはまる気体を**理想気体**（ideal gas，または完全気体 perfect gas）といい，これを**理想気体の状態方程式**（equation of state of ideal gas）と呼ぶ．

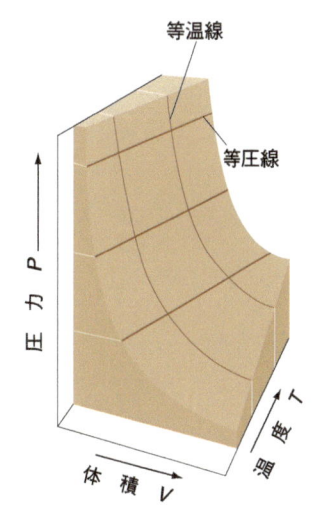

図5.3 理想気体の PVT 関係

5.2 理想気体の分子運動

5.2.1 気体分子運動のモデル

前節で述べた気体の PVT 関係は，以下に述べるような理想化された気体分子運動のモデルを仮定して，分子の運動に古典力学を適用することによって理解することができる．分子の集団としての気体の特性を，分子の運動から理解しようというのが**気体分子運動論**（molecular theory of gasses）である．1800年代にボルツマン（L. Boltzmann）やクラウジウス（R. J. Clausius）やマクスウェル（J. C. Maxwell）がこの発展に貢献した．これが物理化学の黎明である．

気体分子運動論のモデルは下記のとおりである．
1. 気体は多くの分子からなっていて，それらの分子の大きさは容器の大きさや分子間の距離に比べて無視できるくらい小さい．
2. 分子の運動は無秩序（ランダム）である．
3. 容器の壁との衝突は弾性的である．すなわち，衝突によって並

進エネルギーは失われない．
4．古典力学があてはまる．

　このような分子運動のモデルにもとづいて，気体試料が示す圧力を求める．気体は1辺 l の立方体の容器に入っているとし，1個の分子の質量を m とする．まず，x 軸方向に速度 v_x で運動をしている1個の分子に注目する（図5.4）．分子が x 軸に垂直な壁 A に向かってくるときの運動量は mv_x で，壁と弾性衝突をして離れていくときの運動量は $-mv_x$ であるから，1回の衝突にともなう正味の運動量の変化は $2mv_x$ となる．この分子が1回衝突してから次に同じ壁 A に衝突するまでの時間間隔は，反対の壁まで行って帰ってくる時間である．この距離は $2l$ であるから，その時間は $2l/v_x$ となる．したがって，単位時間あたりの運動量変化としては，1回あたりの運動量変化 $2mv_x$ を衝突の時間間隔で割ることによって，$2mv_x/(2l/v_x) = mv_x^2/l$ が得られる．これは壁が1個の分子を閉じ込めるための平均の力である．圧力は単位面積あたりの力であるから，1個の分子あたりの圧力 p は

$$p = \frac{mv_x^2/l}{l^2} = \frac{mv_x^2}{V} \tag{5.5}$$

となる．この結果から，N 個の分子の圧力 P は

$$P = \frac{Nm\langle v_x^2 \rangle}{V} \quad \text{すなわち} \quad PV = Nm\langle v_x^2 \rangle \tag{5.6}$$

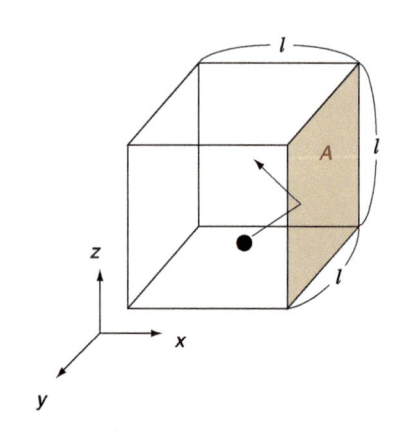

図5.4　一辺 l の立方体容器のなかの気体分子

となる．ここで，$\langle v_x^2 \rangle$ は x 方向の速度の二乗の平均値である[2]．

速度はベクトル量なので，三つの直交座標成分に分離できて，

$$\langle v^2 \rangle = \langle v_x^2 \rangle + \langle v_y^2 \rangle + \langle v_z^2 \rangle \tag{5.7}$$

である．分子は絶えず無秩序な運動をしているので，各方向成分の平均は等しい．つまり，$\langle v_x^2 \rangle = \langle v_y^2 \rangle = \langle v_z^2 \rangle$ なので

$$\langle v^2 \rangle = 3\langle v_x^2 \rangle \tag{5.8}$$

となる．したがって，これを式(5.6)に代入すると次式を得る．

$$PV = \frac{1}{3} Nm \langle v^2 \rangle \tag{5.9}$$

これは，気体の体積や圧力というマクロな量と，分子数や分子の質量や分子の速度というミクロな量とを"橋渡し"する重要な関係式の一つである．

5.2.2 分子の運動エネルギー

1個の分子の平均運動エネルギー ε は

$$\varepsilon = \frac{1}{2} m \langle v^2 \rangle \tag{5.10}$$

であるから，$\langle v^2 \rangle = 2\varepsilon/m$ となる．これを式(5.9)に代入すると

$$PV = \frac{2}{3} N\varepsilon \tag{5.11}$$

を得る．N をモル数で表すと，$N = nN_A$（分子のモル数 n，アボガドロ定数 N_A）であるから，式(5.11)は次のように書き換えられる．

$$PV = \frac{2}{3} nE \tag{5.12}$$

ここで，E は1モルあたりの平均運動エネルギーで，$E = \varepsilon N_A$ である．いま，ここでの運動は分子の重心が移動する運動であるが，これを並進運動と呼んで，後で述べるほかの種類の運動と区別する．

式(5.12)において，「気体分子1モルの並進運動のエネルギーは，

2) 平均の定義
$$\langle v_x^2 \rangle = \frac{1}{N} \sum_i (v_x^2)_i$$

(3/2)RT に等しい」という仮定，すなわち

$$E = \frac{3}{2}RT \tag{5.13}$$

が成立すれば，式(5.12)は $PV = nRT$ となって，式(5.4)が証明されたことになる．ここで厳密な証明はしないが，この仮定は正しい[3]．いいかえると，$PV = nRT$ という関係は，先に述べたような理想化された気体分子運動のモデルに基づいて導かれる関係なのである．

気体分子1モルの並進の運動エネルギーが $(3/2)RT$ であることは，並進運動エネルギーが温度だけで決まることを表す．25℃ (298.15 K) での気体分子1モルの並進運動エネルギーの値は $E = (3/2)RT = 3.718$ kJ/mol となる．さらにこれをアボガドロ定数 N_A で割ると，1個の分子の平均エネルギーとなる．

$$\varepsilon = \frac{3}{2}\frac{R}{N_A}T \tag{5.14}$$

ここで R/N_A は1分子あたりの気体定数を意味し，1個の原子や分子のエネルギーを取り扱うのに便利な量となる．これを**ボルツマン定数**（Boltzmann constant）として定義し，k_B で表す．その値は $k_B = 1.381 \times 10^{-23}$ J K^{-1} である．式(5.14)は $\varepsilon = (3/2) k_B T$ となり，25℃では 6.174×10^{-21} J となる．

分子の運動エネルギーがわかると，分子運動の速さを知ることができる．1モルの運動エネルギーは

$$E = N_A \frac{1}{2}m\langle v^2 \rangle = \frac{1}{2}M\langle v^2 \rangle \tag{5.15}$$

と書ける．ここで，M は1モルの質量である．上に述べたように $E = (3/2)RT$ であるから，これを式(5.15)と等しいとおくと，次式を得る．

$$\langle v^2 \rangle = \frac{3RT}{M} \tag{5.16}$$

この平方根をとると

---

[3] 第7章で述べるが，並進運動の分配関数は
$$q_{trans} = (2\pi m k_B T/h^2)^{3/2}$$
である．したがって一分子の並進エネルギーは，式(7.17)より
$$\varepsilon_{trans} = k_B T (\partial \ln q_{trans}/\partial T)_V$$
$$= k_B T^2 \left\{ \frac{\partial \left(\frac{3}{2}\ln T + X\right)}{\partial T} \right\}_V$$
$$= \frac{3}{2}k_B T$$
(X：T に依存しない項) が得られる．

$$\sqrt{\langle v^2 \rangle} = \sqrt{\frac{3RT}{M}} \qquad (5.17)$$

となる．$\sqrt{\langle v^2 \rangle}$ を**根平均二乗速度**〔root mean square (rms) velocity〕という．これは分子の速さの二乗を平均して，その平方根をとったものであるが，分子の平均速度の一つの表現方法である．この式も，ミクロな量とマクロな量の"橋渡し"となっている．すなわち，ミクロな量である分子の速度が増すと，マクロな量である温度が高くなることを意味している．

5.3　実在気体の状態方程式

　実際に存在するどのような気体でも，高い圧力での測定や，通常の圧力でも精密な測定を行うと，理想気体の式(5.4)からずれてくる．図5.5は，1モルの気体について PV_m/RT の値を，圧力に対してプロットしたものである（V_m は1モルの体積）．PV_m/RT は**圧縮因子**（compression factor）と呼び，Z で表す．理想気体では $Z = 1$ となる．しかし，実際の気体では図5.5に示すように，この理想状態からずれてくる．このような気体のことを，**実在気体**（real gas，あるいは非理想気体，不完全気体）という．それでは実在気体の状態方程式（PVT 関係）はどのように表されるのだろうか？

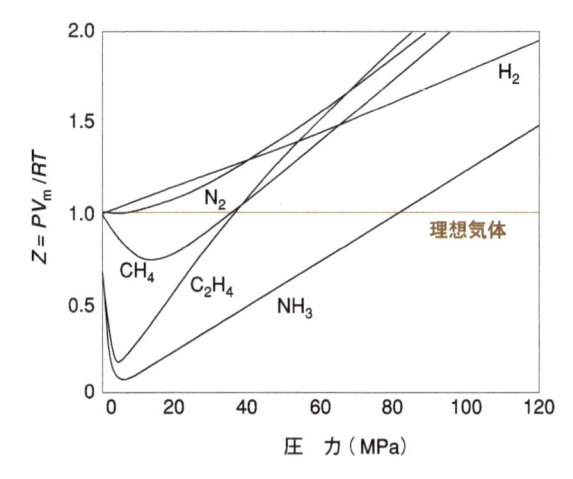

図 5.5　実在気体の圧縮因子の圧力依存性

5.3.1 ファンデルワールス状態方程式

自然科学において，実在物質の特性を定量的に理解するために，理想状態からのずれを利用することが，しばしば用いられる手法である．つまり，実在気体の非理想的な挙動を，式(5.4)の補正項として導入するのである．ファン・デル・ワールス（J. D. van der Waals）は，二つの要因，"気体分子の大きさ" と "気体分子の間の引力" を考慮することによって実在気体の非理想的な挙動を説明した．

a) 分子の大きさの影響

分子どうしが近づくと斥力が働いて，分子が占めることができない体積が生じる．これを**排除体積**（excluded volume）という．気体分子1モルあたりの排除体積を b とすると，理想気体の式(5.4)における体積 V は $V - nb$ に修正することになって，圧力は次式で表される．

$$P = \frac{nRT}{V - nb} \tag{5.18}$$

分子を球形と近似すると，その大きさは直径 d（または半径 r）だけで規定できる．このとき，分子の体積は

$$\frac{4}{3}\pi\left(\frac{d}{2}\right)^3 = \frac{1}{6}\pi d^3 \tag{5.19}$$

となる．一対の分子が互いに接触したとき，互いに相手が存在することのできない領域が排除体積である．一つの分子に注目したとき，排除体積は図5.6のような半径 d の球となる．したがって，一対の分子あたりの排除体積は $(4/3)\pi d^3$ となり，1個の分子あたりでは $(2/3)\pi d^3$ となる．この値は実に分子1個の体積 $(1/6)\pi d^3$ の4倍に相当していることがわかる．ファンデルワールスの定数 b は1モルあたりの値であるから

$$b = \frac{2}{3}\pi d^3 N_A \tag{5.20}$$

となる．

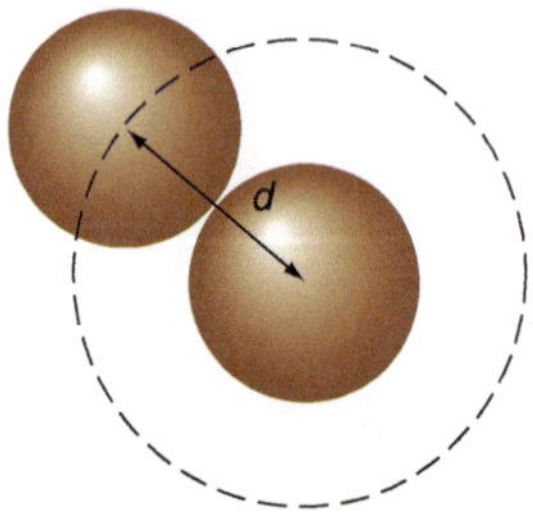

図5.6 排除体積の考え方

b）分子間の引力の影響

分子が互いに接近してきたとき，引き合う力が発生することを4章で学んだ．このような分子間の引力は，気体を閉じ込めるのに必要な圧力を減少させる．すなわち，壁近くの分子の壁への衝突が制限されて負の内部圧が発生する．図5.7はその様子を示している．

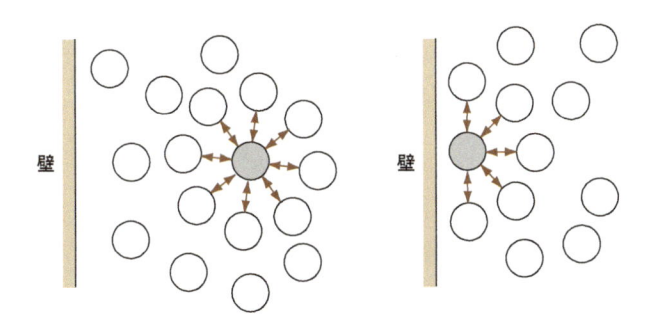

図5.7 分子間力の影響

ある任意の分子に着目して，分子間の相互作用は，まわりの分子数（濃度），すなわち (n/V) に依存する．したがって，すべての分子についての全相互作用は $(n/V)^2$ に比例することになる．比例定数を a として分子間の引力の影響を考慮した，気体を容器に閉じ込めるのに必要な圧力は P ではなくて補正は $P-a(n/V)^2$ となり，式(5.18)は次式になる．

$$P = \frac{nRT}{V-nb} - a\left(\frac{n}{V}\right)^2 \tag{5.21}$$

したがって，次のかたちの**ファンデルワールス状態方程式**（van der Waals equation of state）を得る．

$$\left(P + \frac{an^2}{V^2}\right)(V-nb) = nRT \tag{5.22}$$

ファンデルワールスの定数 a, b は，実験から得られる PVT データを再現するように決められる．いくつかの気体の a, b の値を表5.1に示す．図5.5において，Z が1より小さくなるのは分子間力によるもので，高圧で Z が1より大きくなるのは排除体積の影響である．

表5.1 ファンデルワールス式の定数

	a	b
He	0.0034	0.0237
H_2	0.0248	0.0267
N_2	0.137	0.0387
O_2	0.138	0.0319
NH_3	0.422	0.0374
CO_2	0.365	0.0428
H_2O	0.553	0.0330

a : $(\text{Pa m}^6/\text{mol}^2)$
b : $(10^{-3}\,\text{m}^3/\text{mol})$

5.3.2 ビリアル状態方程式

さらに実験結果をよく再現するために，$1/V$ や P で展開した多項式が使われる．$1/V$ で展開したのが次式である．

$$\frac{PV}{nRT} = 1 + \frac{Bn}{V} + \frac{Cn^2}{V^2} + \cdots \tag{5.23}$$

これをビリアル状態方程式（virial equation of state）という．B, C, …を第二ビリアル係数，第三ビリアル係数，…という．ファンデルワールスの式は a と b の二つの定数であったのに対して，式(5.23)では定数の数が増えるので，実験結果をよりよく再現することはできるが，物理的な意味づけは複雑になる．

章末問題

1. 気体定数 R の値を SI 単位で求めよ．25 ℃，1 bar での 1 モルの理想気体の体積（V_m）は 24.789 L である（1 L = 10^{-3} m^3）．

2. 気体は高温になるほど，また，低圧になるほど理想気体に近づく．その理由を考えよ．

3. 窒素分子について，25 ℃での根平均二乗速度を計算せよ．

4. ファンデルワールスの定数 b（表5.1）を使って分子の直径 d を見積もれ．

5. 式(5.23)の第二ビリアル係数 B はファンデルワールスの定数 a, b と，$B = b - (a/RT)$ で関係づけられることを示せ．

6 気体のなかの分子運動

KEY CONCEPT
- 衝突数
- 並進運動
- 回転運動
- 振動運動

実在気体では，分子の大きさが無視できないことを5章で述べた．分子が大きさをもっているということは，分子どうしの衝突が起こることを意味する．分子の形を球形と仮定して，同じ分子どうしの衝突を考える．このとき分子の形は直径だけで規定できる．分子を単一のパラメータで規定するということにはさらに，分子は"固い球体（剛体球という）"であるという仮定が含まれている．しかし，実際には一般の分子は球形ではなくて固有の形をもっている．この章では，球形分子の衝突から始めて，形をもった分子の運動とエネルギーについての説明にいたる．

6.1 分子の衝突

まず，直径 d の1個の分子に注目する．1個の分子Aは平均速度 $\langle v \rangle$ で運動していて，A以外の分子は止まっていると仮定する．このとき，分子Aは単位時間に $\langle v \rangle$ だけ移動する．分子Aが他の分子と接触したとき，二つの分子の中心間の距離は d となる．これを半径とする円を底面として，長さを $\langle v \rangle$ とする円筒の内部に他の分子の中心が位置しているとき，**衝突**（collision）が起きるとみなされる．図 6.1 は分子の衝突の様子を表している．この底面の円の面積 πd^2 を分子Aが衝突するときの**衝突断面積**（collision cross section）といい，σ で表す．

$$\sigma = \pi d^2 \tag{6.1}$$

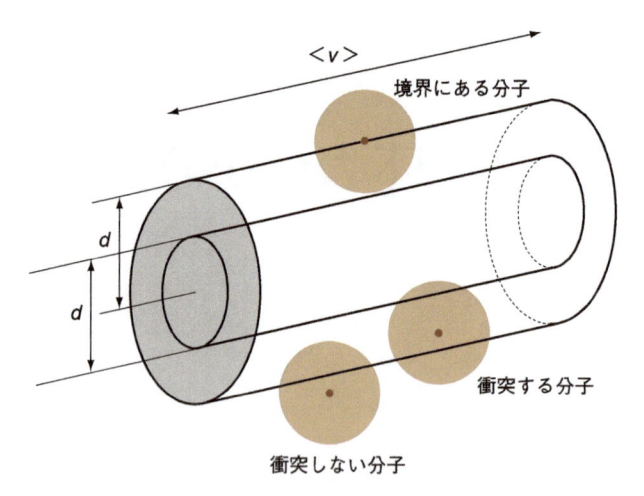

図6.1 分子の衝突

このとき，単位時間あたり分子1個の運動によって形成される円筒の体積は$\sigma \langle v \rangle$となる．単位体積あたりの分子の数をN^*とすると，この円筒内に中心をもつ分子の数は$\sigma \langle v \rangle N^*$となる．これが分子Aに関する単位時間あたりの衝突数である．これをZ_Aとすると

$$Z_A = \sigma \langle v \rangle N^* \tag{6.2}$$

となる．ただし，この結果は注目した分子A以外のほかの分子は止まっていると仮定したもので，実際にはすべての分子は無秩序な運動をしている．すべての分子が動いていることを考慮するためには，分子の速度を$\langle v \rangle$ではなくて，二分子間の相対速度で置きかえればよい．同一の分子で平均速度が$\langle v \rangle$の場合，相対速度の平均値は$\sqrt{2}\langle v \rangle$となる[1]．このことを考慮すると式(6.2)は次式になる．

$$Z_A = \sqrt{2}\langle v \rangle \sigma N^* \tag{6.3}$$

これは1個の分子についての単位時間あたりの衝突数である．これを**衝突頻度**（collision frequency）という．

さらに，N^*個の分子に関する全衝突数は，式(6.3)に$(1/2)N^*$をかけたものである．ここで1/2にするのは，一対の分子で1回の衝突と数えるためである．したがって，N^*個の系について，単位体積あたり，単位時間あたりの**衝突数**（collision number）Z_{AA}は次式で与えられる．

---

[1] 二つの速度v_Aとv_Bの相対速度をv_{rel}とする．下図のように，互いの速度のなす角度をθとするとき，$v_{rel}^2 = v_A^2 + v_B^2 - 2v_A v_B \cos\theta$となる．いまの場合，$v_A = v_B = v$である．角度平均をとると$v_{rel} = \sqrt{2}\,v$となる．

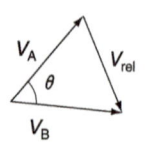

$$Z_{AA} = \frac{1}{\sqrt{2}}\sigma\langle v\rangle (N^*)^2 \tag{6.4}$$

1個の分子が1回衝突してから次に衝突するまでの間に移動できる距離を**平均自由行程**（mean free path）という．これを L で表すと

$$L = \frac{\langle v\rangle}{Z_A} = \frac{1}{\sqrt{2}\,\sigma N^*} \tag{6.5}$$

となる．衝突数が多いほど，すなわち衝突断面積が大きくて濃度が大きいほど，平均自由行程は短くなることを表している．

分子の直径 d と濃度 N^* に加えて，7章で述べる平均速度 $\langle v\rangle$ の値を式(6.3)～(6.5)に代入することによって Z_A, Z_{AA}, L の実際の数値を求めることができる．いくつかの気体分子について分子運動論から得られたデータを**表6.1**に示す．気体の平均自由行程は，分子の大きさに比べて何百倍も長いが，気体を入れる通常の容器の大きさに比べると圧倒的に短い．すなわち，容器の壁と衝突する合間に分子どうしは何回も衝突していることがわかる．このような非常に大きい衝突数と非常に短い平均自由行程から，7章で述べる分子の速度と合わせて，分子の世界では通常の温度で，きわめて活発な運動が起こっていることがわかる．

表6.1　気体の衝突 (25 ℃, 1 bar)

	衝突直径 d (nm)	平均自由行程 L (nm)	衝突頻度 Z_A ($10^9\,\mathrm{s}^{-1}$)	衝突数 Z_{AA} ($10^{34}\,\mathrm{m}^{-3}\mathrm{s}^{-1}$)
H_2	0.273	125	14.1	17.2
He	0.218	193	6.5	7.9
N_2	0.374	66	7.1	8.7
O_2	0.357	72	6.1	7.4
CO_2	0.456	44	8.5	10.3

6.2　運動の自由度とエネルギーの分類

分子は，複数個の原子が化学結合によって互いに強く引き合って特定の空間的配置に保持されたものである．ここまでの話では，分

子の形は剛体球であると仮定した．その場合，分子の形は一つのパラメータ，すなわち直径（または半径）だけで規定できた．しかし，実際の分子はもっと複雑な形をしている．もっとも単純な分子である水素分子といえども球形ではない．そこで，分子の形状を表す一つのモデルとして，分子を構成している原子をボールで表し，化学結合をバネで表す「ボールとバネのモデル」が使われる（図6.2）．

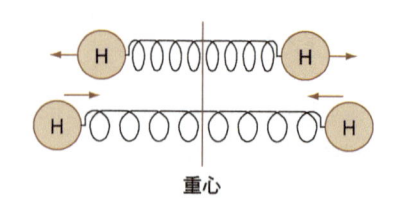

図6.2 ボールとバネのモデル（H_2 分子）

分子を構成するそれぞれの原子を表すボールの位置は，直交座標上の点 x, y, z で決まる．すなわち，1個の原子の位置は三つの自由度によって記述することができる．これを一次微分すると速度が求まり，さらに速度の二乗と質量から運動エネルギーを求めることができる．このことは1個の原子の運動エネルギーを決めるためには3個の自由度が必要であることを意味している．したがって，二原子分子であれば，2個の構成原子の x, y, z 方向の運動に対応する6個の自由度，さらに一般に，n 原子分子では $3n$ 個の自由度が必要となる．しかし，必要な $3n$ 個の自由度は直交座標である必要はない．運動の形態を分類して，もっと物理的に理解しやすい自由度を使うことができる．

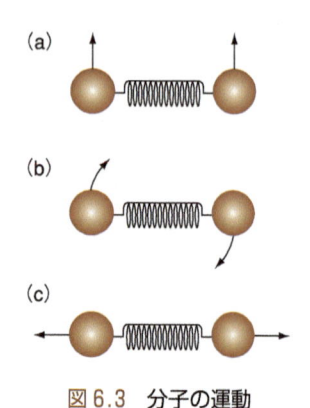

図6.3 分子の運動
(a) 並進，(b) 回転，(c) 振動

分子の運動は三つの型に分類できる．第一は分子の重心が移動する運動である**並進運動**（translation），第二は重心を通る軸のまわりでの**回転運動**（rotation），第三は平衡位置を中心にした構成原子の**振動運動**（vibration）である（図6.3）．数学的に，このような原子系からなる分子の全力学エネルギー（＝運動エネルギー＋ポテンシャルエネルギー）は，並進エネルギー成分と振動エネルギー成分と回転エネルギー成分に分離することができる[2]．

n 原子分子の自由度について考えよう．並進運動について，重心の x 方向，y 方向，z 方向の運動として，自由度は合わせて3個で

2) 回転と振動は厳密には分離していない．それは振動による r の変化が回転に影響を及ぼすからであるが，分子におけるこの変化は小さいので，平均距離に固定して，近似的に分離された運動として取り扱う．

ある．次に，回転運動について，H_2O や NH_3 のような非直線分子では，x, y, z 方向の三つの軸方向の回転運動として，自由度は3個である．ところが，CO_2 や HCN などのような直線分子の場合，回転の自由度は2個となる．なぜなら，分子軸のまわりの回転は区別できないからである．最後に，振動運動の自由度であるが，全部で $3n$ 個の自由度が必要であるから，残りの数として，非直線分子では $3n - 6$ 個，直線分子では $3n - 5$ 個が振動運動の自由度となる（表6.2）．

このように，1個の分子の全エネルギー ε は，分子が静止状態（0 K）でもっている「電子エネルギー（ε^{ele}）」に加えて，それぞれの自由度を考慮した運動エネルギーとしての「並進エネルギー（ε^{trans}）」と「回転エネルギー（ε^{rot}）」と「振動エネルギー（ε^{vib}）」の四種類の運動エネルギーの和として与えられ，それぞれに分けて論じることができる．

$$\varepsilon = \varepsilon^{ele} + \varepsilon^{trans} + \varepsilon^{rot} + \varepsilon^{vib} \tag{6.6}$$

表6.2 n 原子分子の運動の自由度の数

	直線分子	非直線分子
並 進	3	3
回 転	2	3
振 動	$3n - 5$	$3n - 6$

電子エネルギー ε^{ele} については，1章と2章で説明したように，量子力学計算によって量子化された固有のエネルギー準位として与えられる．式(2.20)の $h^2/8ma^2$ は隣り合ったエネルギー準位の間隔の大きさを表し，これをエネルギー間隔因子と呼ぶ．

いま，電子が閉じ込められる範囲の長さを表す a の値として，典型的な分子の大きさである 100 pm（$= 1 \times 10^{-10}$ m）を用い，電子の質量 $m = 9.1 \times 10^{-31}$ kg を代入すると，エネルギー間隔因子は $h^2/8ma^2 = 6 \times 10^{-18}$ J，あるいは 3600 kJ/mol となる．このように，電子のエネルギー準位の間隔は通常の温度での熱エネルギー（2～3 kJ/mol）に比べて非常に大きな値であることがわかる．したがって，分子は基底状態にあり，電子的に励起状態にある確率はゼロとみなされる．そのため分子のエネルギーは，基底状態の電子エネルギーとゼロ点振動エネルギーの和を基準にとる．

紫外線領域の光が 10^{-18} J のオーダーのエネルギーに相当するので，分子の紫外吸収スペクトルや紫外発光スペクトルを測定することによって電子遷移についての情報が得られる（図6.4）．

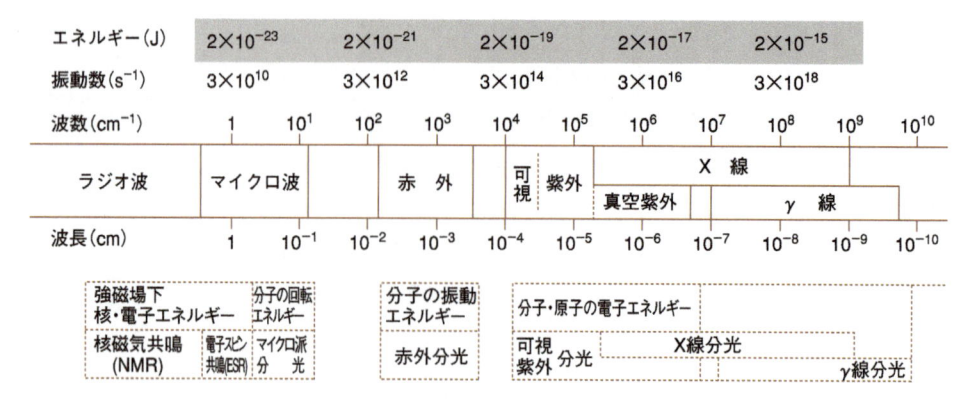

エネルギー(J)		2×10^{-23}		2×10^{-21}		2×10^{-19}		2×10^{-17}		2×10^{-15}	
振動数(s^{-1})		3×10^{10}		3×10^{12}		3×10^{14}		3×10^{16}		3×10^{18}	
波数(cm^{-1})	1	10^1	10^2	10^3	10^4	10^5	10^6	10^7	10^8	10^9	10^{10}
	ラジオ波	マイクロ波		赤 外		可視	紫外	X 線		γ 線	
							真空紫外				
波長(cm)	1	10^{-1}	10^{-2}	10^{-3}	10^{-4}	10^{-5}	10^{-6}	10^{-7}	10^{-8}	10^{-9}	10^{-10}

強磁場下 核・電子エネルギー	分子の回転 エネルギー	分子の振動 エネルギー	分子・原子の電子エネルギー		
核磁気共鳴 (NMR)	電子スピン共鳴(ESR)	マイクロ波分光	赤外分光	可視 紫外 分光	X線分光	γ線分光

図 6.4 電磁波のエネルギーと分光法

6.3 振動, 回転, 並進のエネルギー

6.3.1 分子の振動エネルギー

a) 二原子分子の振動

もっとも単純な二原子分子 A–B の振動運動は, 二つのボールを結ぶ 1 個のバネが伸び縮みする運動 (伸縮振動) だけで説明できる. 二原子分子の振動のポテンシャルエネルギー曲線を図 6.5 に示す. 平衡核間距離 R_e からのずれに対するポテンシャルエネルギーは次式で与えられる.

$$V(R) = \frac{1}{2}k(R - R_e)^2 \tag{6.7}$$

これは二原子分子の振動にフックの法則を適用したものである. k はバネ定数に対応するもので, **力の定数** (force constant) という. 実際の分子の振動は図 6.5 のように, R_e を中心とした振動であるが, あまり振幅が大きくない範囲では**調和振動子** (harmonic oscillator) として近似できる. ここで, 平衡核間距離からのずれの大きさ $R - R_e$ を x とおくと, 式 (6.7) は次式になる.

$$V(x) = \frac{1}{2}kx^2 \tag{6.8}$$

したがって, これを式 (2.7) に代入すると, 振動のシュレーディンガー方程式は次式になる.

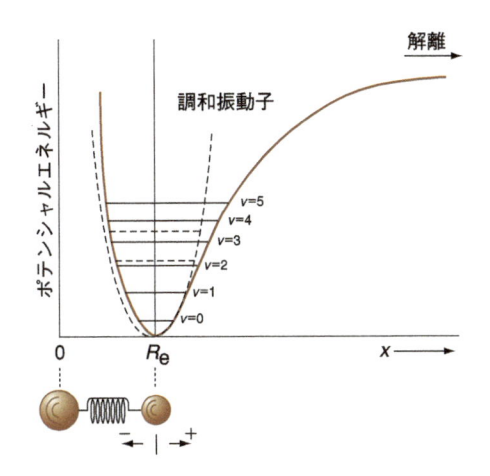

図6.5 二原子分子の振動とポテンシャルエネルギー

$$-\frac{h^2}{8\pi^2\mu}\left(\frac{d^2\psi}{dx^2}\right) + \frac{1}{2}kx^2\psi = E\psi \tag{6.9}$$

これを解くことによって，次のような量子化された振動エネルギー準位が得られる．

$$\varepsilon_v^{\text{vib}} = \left(v + \frac{1}{2}\right)\left(\frac{h}{2\pi}\right)\sqrt{\frac{k}{\mu}} \tag{6.10}$$

$$v = 0, 1, 2, \cdots$$

v は**振動量子数**（vibrational quantum number）である．ここで，μ は二つの原子の換算質量である．また，$(1/2\pi)\sqrt{k/\mu}$ は古典論による振動数 ν_{vib} に対応するので，式(6.10)は次式で書かれる．

$$\varepsilon_v^{\text{vib}} = \left(v + \frac{1}{2}\right)h\nu_{\text{vib}} \tag{6.11}$$

ここで，$v = 0$ のとき，$\varepsilon_0^{\text{vib}} = (1/2)h\nu_{\text{vib}}$ というエネルギーが残る．これはゼロ点エネルギーである．さらにこの結果から，振動エネルギー準位の間隔因子は $h\nu_{\text{vib}} = h(1/2\pi)\sqrt{k/\mu}$ となる．この間隔を求めることによって，力の定数 k を決めることができ，これは結合の強さを反映するものであり，10^{-20} J（10^3 cm^{-1}）のオーダーのエネルギーとなる．H–H の振動のエネルギーは 4400 cm^{-1} であるから，力の定数は 510 N/m となる．

調和振動子の近似では，エネルギー準位は等間隔で無限に続くことになる．しかし，実際の振動では図 6.5 に示すように，R_e からの変位が大きくなるほど，すなわち，エネルギー準位の上にいくほど，間隔は少しずつ狭くなり調和振動からずれてくる．そしてやがては，ポテンシャルは水平になり分子は解離する．

このような分子の振動のエネルギー間隔は，赤外線領域のエネルギーに対応している（図 6.4）．したがって，赤外線の吸収スペクトルを解析することによって，振動エネルギー遷移についての情報が得られる．

b）多原子分子の振動

前項で述べたように，三原子以上の多原子分子になると，振動の自由度の数は増大し，複雑になる．三原子分子の例として，H_2O 分子について考えると，振動の自由度は 3 個になる．すなわち，H_2O 分子の振動は 3 個の独立な振動の重ね合わせとして表される．これを基準振動という．その振動モードは図 6.6 に示すような対称伸縮振動(a)，逆対称伸縮振動(b)，そして変角振動(c)である．したがって，H_2O 分子の振動エネルギーは次のように各基準振動の和で与えられる[3]．

3) ここで ε_v^{vib} の v には，v_1, v_2, v_3 の三つの基準振動の量子数が含まれている．

$$\varepsilon_v^{vib} = \left(v_1 + \frac{1}{2}\right)(h\nu_{vib})_1 + \left(v_2 + \frac{1}{2}\right)(h\nu_{vib})_2 \\ + \left(v_3 + \frac{1}{2}\right)(h\nu_{vib})_3 \tag{6.12}$$

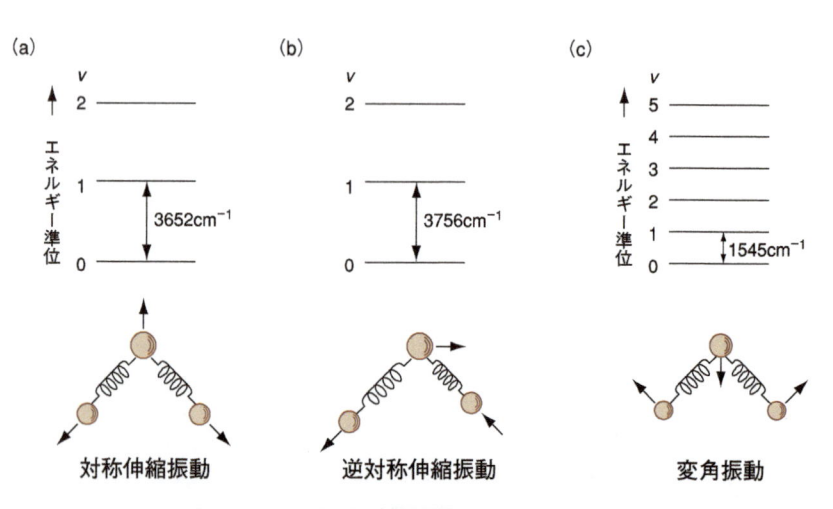

図 6.6　H_2O 分子の基準振動とエネルギー準位

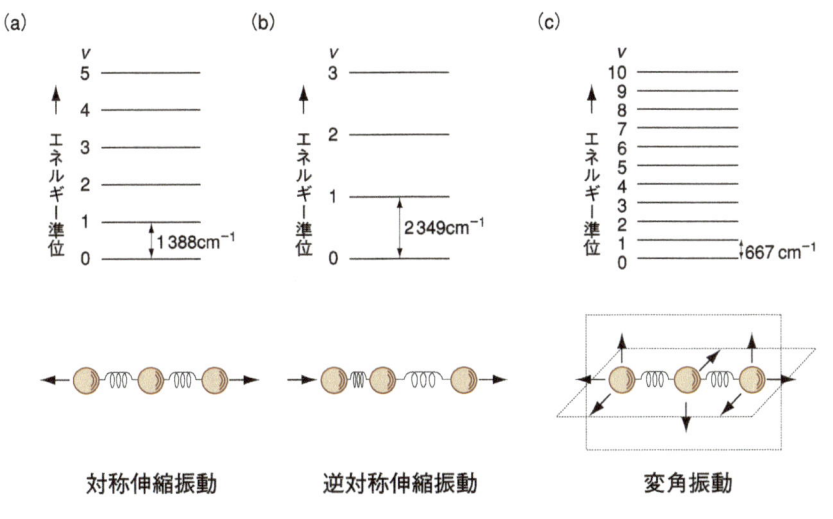

図6.7 CO₂分子の基準振動とエネルギー準位

(a) 対称伸縮振動 　1388 cm⁻¹
(b) 逆対称伸縮振動　2349 cm⁻¹
(c) 変角振動　667 cm⁻¹

また，CO_2 は直線分子であるから，4個の基準振動があるはずである．それらは図6.7に示すような対称伸縮振動(a)と逆対称伸縮振動(b)に加えて(c)のような変角振動である．この変角振動は同じ振動数で互いに直交する面内での振動がある．すなわち，二つの振動は縮退している．

6.3.2 分子の回転エネルギー

図6.8のようなもっとも単純な二原子分子 A−B の回転について考える．分子の回転にともなって，遠心力が働き，また振動しているために結合長が変化すると考えられるが，ここではその効果は小さく結合長は一定であると近似する．これを**剛体回転子**（rigid rotor）の近似という．

シュレーディンガー方程式を解くことによって，次のような量子化された回転のエネルギー準位を得る．

$$\varepsilon_J^{\mathrm{rot}} = \left(\frac{h^2}{8\pi^2 I}\right) J(J+1) \qquad (6.13)$$
$$J = 0, 1, 2, \cdots$$

ここで，J を**回転量子数**（rotational quantum number）という．ここで，I は分子軸に垂直な軸のまわりの慣性モーメントで，次式で

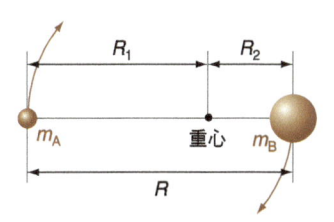

図6.8 二原子分子の回転モデル（剛体回転子モデル）

与えられる．

$$I = m_A R_1^2 + m_B R_2^2 = \mu R^2 \tag{6.14}$$

μ は換算質量である．m_A と m_B はそれぞれの原子の質量で，R, R_1, R_2 は図 6.8 に示す長さである．式(6.13)において，$h^2/8\pi^2 I$ を B とおいて，これを**回転定数**（rotational constant）と呼ぶ．

$$\varepsilon_J^{\text{rot}} = BJ(J+1) \tag{6.15}$$

回転エネルギーの間隔因子は B となる．回転エネルギーは量子数の 2 乗に依存するので，間隔の大きさは上にいくほど大きくなることがわかる．

典型的な二原子分子の間隔因子の大きさは 5×10^{-24} J となる．このエネルギーは，マイクロ波や遠赤外領域の電磁波のエネルギーに対応している（図 6.4）．したがって，マイクロ波吸収スペクトルや遠赤外吸収スペクトルの解析によって回転エネルギー遷移についての情報が得られる．

6.3.3 分子の並進エネルギー

2 章では，電子の運動について一次元の箱のなかの並進運動を説明した．分子では，式(2.20)のなかの m は分子の質量となる．一辺 a の立方体の箱のなかを運動する分子の三次元の並進運動に拡張すると，x, y, z 方向の運動についての和として与えられる．すなわち，

$$\varepsilon_n^{\text{trans}} = (n_x^2 + n_y^2 + n_z^2)\left(\frac{h^2}{8ma^2}\right) \tag{6.16}$$

$$n_x, n_y, n_z = 1, 2, 3, \cdots$$

ここで，$n_x^2 + n_y^2 + n_z^2$ が同一の値となるような n_x, n_y, n_z の組合せの場合では，同一のエネルギーとなる．つまり縮退が存在する[4]．$h^2/8ma^2$ は隣り合ったエネルギー準位の間隔の大きさを表し，これが並進エネルギー間隔因子である．

分子の平均の並進エネルギー[5]は，その間隔因子と比べて圧倒的に大きい．たとえば，25℃で一辺が 0.1 m の立方体の箱のなかを運動する場合では，並進エネルギーはその間隔因子の約 10^{20} 倍である．

---

4) $n^2 = n_x^2 + n_y^2 + n_z^2$ とすると，縮退度は $g_i = (1/2)\pi n^2$ となる．

5) 25℃での分子の平均並進エネルギーは
$(3/2)k_B T = 6.2 \times 10^{-21}$ J
あるいは
$(3/2)RT = 3.7$ kJ/mol
である．

したがって，分子の並進エネルギーの間隔は，許されるエネルギーが連続的であると仮定しても問題ないくらい小さい．

6.3.4 量子化エネルギーの間隔

これまで見てきたように，分子の運動のエネルギーはすべて量子化されている．そしてその間隔因子の大きさは，通常それが大きくてすべてが基底状態にあるとみなせる電子エネルギー準位から，連続とみなせる並進運動まで，運動の種類によって大きく異なっている．エネルギーの全体の描像を理解するために，四種類のエネルギー間隔因子のオーダーと，二原子分子についてのエネルギー準位図をそれぞれ表6.3と図6.9に示す．

上に述べたように，電子エネルギーは圧倒的に大きいので，通常の温度ではすべての分子は基底状態に存在する．電子エネルギーに

表6.3 エネルギー間隔因子のオーダー

	$\Delta \varepsilon (10^{-21}$ J$)$	ΔE (kJ/mol)
電子（electronic）エネルギー	500	300
振動（vibration）エネルギー	20	12
回転（rotation）エネルギー	0.01	0.006
並進（translation）エネルギー	10^{-14}	6×10^{-15}

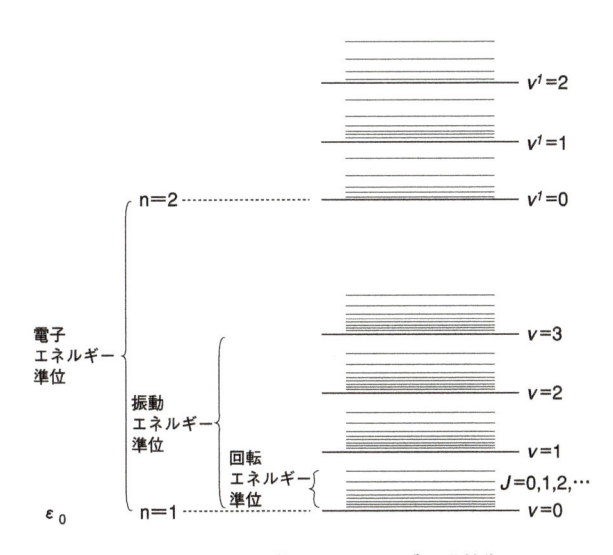

図6.9 二原子分子のエネルギー準位[6]

6) 並進エネルギー準位の間隔は小さいので，同じ図には描けない（表6.3参照）．

振動のゼロ点エネルギーを加えたところ，すなわち図6.9のε_0を基準にして，これ以上のエネルギーが熱エネルギーとして計算されるのである．

章末問題

1. 窒素分子の分子直径は$d = 0.374$ nmで，25℃での平均速度は$\langle v \rangle = 475$ m/sである．これを用いて，1 barでの衝突頻度（Z_A），衝突数（Z_{AA}），平均自由行程（L）を計算せよ．

2. HCl, CO_2, H_2O, NH_3, CH_4, C_6H_6（ベンゼン）について，並進，回転，振動運動の自由度の数を求めよ．

3. 二原子分子の振動に対して下記のようなモース（Morse）ポテンシャルが使われる．
$$V(R) = D_e[1 - \exp\{-a(R - R_e)\}]^2$$
D_eは結合エネルギーで，R_eは平衡核間距離である．
   (a) $R = R_e$のとき極小になることを示せ．
   (b) $V(R)$の概略図を示せ．

4. マイクロ波の吸収によって一酸化炭素分子の回転エネルギーの準位が$J = 2$から$J = 3$へ遷移した．このときエネルギーは何倍になるか．

5. H_2分子とI_2分子の振動数$h\nu$はそれぞれ4162 cm^{-1}および213 cm^{-1}である．各分子の力の定数kを計算せよ．

7 分子のエネルギー分布

気体のなかの分子は無秩序な運動をしているので，すべてが同じ速さをもっているわけではない．平均値を中心にしていろいろな速度で運動している．それでは，どのような速度分布をしているのだろうか？　さらに，分子がいろいろな速度で運動しているということは，いろいろなエネルギーをもっていることを意味する．それではエネルギーはどのように分布しているのだろうか？　このようなことについてこの章で説明する．

KEY CONCEPT
- 速度分布
- ボルツマン分布
- 分配関数

7.1 分子の速度分布

速度 v と $v + \mathrm{d}v$ の間に分布している分子の確率を考えるとき，速度分布は当然その幅 $\mathrm{d}v$ に比例するはずで，これを $f(v)\mathrm{d}v$ と書く．$f(v)$ は速さ v によって変わる関数で，これを速度分布関数という．気体試料の速度分布関数 $f(v)$ は，次のような式で表現できることが見いだされた．

$$f(v) = 4\pi \left(\frac{m}{2\pi k_\mathrm{B} T}\right)^{\frac{3}{2}} v^2 \exp\left(\frac{-mv^2}{2k_\mathrm{B} T}\right) \tag{7.1}$$

この式は 1860 年，マクスウェル（J. C. Maxwell）によって半経験的に提唱されたが，後にボルツマンによって厳密に導かれ，**マクスウェル・ボルツマンの速度分布**（Maxwell-Boltzmann distribution of velocity）と呼ばれている．窒素分子の $f(v)$ を速度 v に対してプロットすると図 7.1(a) のような曲線となる．温度が上昇すると，

J. C. Maxwell（1831–1879）イギリスの物理化学者．

速い分子の割合は増加して，分布の幅が広がることがわかる．また，同一温度では，重い分子に比べて軽い分子の速度は大きくなるとともに分布の幅が広くなる（図 7.1 b）．

速度分布関数 $f(v)$ を使って，気体分子の**根平均二乗速度**（root mean square velocity）$\sqrt{\langle v^2 \rangle}$，**平均速度**（mean velocity）$\langle v \rangle$，**最大確率速度**（most probable velocity）v_m を求めることができる．すなわち，根平均二乗速度は次式で与えられる．

$$\sqrt{\langle v^2 \rangle} = \sqrt{\int_0^\infty v^2 f(v) \mathrm{d}v} \tag{7.2}$$

また，平均速度は次式で与えられる．

$$\langle v \rangle = \int_0^\infty v f(v) \mathrm{d}v \tag{7.3}$$

最大確率速度 v_m は $f(v)$ を v で微分してゼロとなるときの速度である．三つの速度の計算結果は次のようになる〔式(7.2)と(7.3)の計算で使う積分公式は付録3を参照〕．

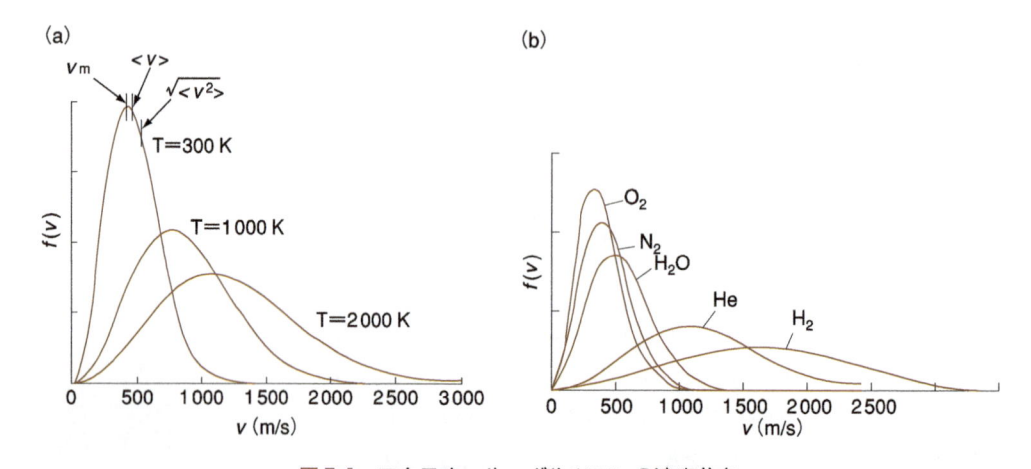

図 7.1 マクスウェル・ボルツマンの速度分布
(a) 窒素分子の速度分布，(b) いろいろな分子の速度分布（300 K）

$$\left.\begin{array}{ll} \text{根平均二乗速度}: \sqrt{\langle v^2 \rangle} = \sqrt{\dfrac{3k_\mathrm{B}T}{m}} = \sqrt{\dfrac{3RT}{M}} \\[2ex] \text{平均速度}: \quad \langle v \rangle = \sqrt{\dfrac{8k_\mathrm{B}T}{\pi m}} = \sqrt{\dfrac{8RT}{\pi M}} \\[2ex] \text{最大確率速度}: \quad v_\mathrm{m} = \sqrt{\dfrac{2k_\mathrm{B}T}{m}} = \sqrt{\dfrac{2RT}{M}} \end{array}\right\} \quad (7.4)$$

根平均二乗速度は,5章において分子運動論から直接得られた式 (5.17) と一致する.

気体分子の速度についてのこれら三つの表現は,分子の質量(m または M)と温度(T)に対して同じ関数形になっていることがわかる.また,その大きさの比は,次のように,分子の種類や温度に依存しない一定の値となっている.

$$\sqrt{\langle v^2 \rangle} : \langle v \rangle : v_\mathrm{m} = 1.00 : 0.92 : 0.82$$

これらの値と分布曲線の関係を図7.1(a)のなかに示した.いくつかの気体について,25℃での平均速度 $\langle v \rangle$ を表7.1に示す.

表 7.1 気体分子の 25℃での平均の速さ $\langle v \rangle$

	$\langle v \rangle$ (m/s)
H_2	1770
N_2	475
O_2	444
CO_2	379
H_2O	592

7.2 ボルツマン分布

分子の運動エネルギーは並進エネルギー,回転エネルギー,振動エネルギーに分離できて,それぞれの許されるエネルギーはいずれも量子化されていることを前の章で学んだ.このようなミクロな情報からどのようにしてマクロな分子集団の性質を知ることができるのだろうか? この問いに答えるためには,分子にどのようなエネルギーが許されるかということだけではなく,どれだけの数の分子がそれぞれの許容エネルギー準位を占有しているのかを知る必要がある.すなわち分布状態を知ることである.このことを教えてくれるのが**ボルツマン分布**(Boltzmann distribution)である.

いま,N 個の分子からなる系を考える.系の全エネルギーを E として,エネルギー準位 ε_1 に n_1 個の分子,エネルギー準位 ε_2 に n_2 個,……エネルギー準位 ε_i に n_i 個,というように分布していると

する．すなわち，

$$N = \sum_{i=1} n_i \tag{7.5}$$

$$E = \sum_{i=1} \varepsilon_i n_i \tag{7.6}$$

である．

このような初期条件のもとで，N 個の分子を各準位に $n_1, n_2, n_3 \cdots$ とふりわける方法の数を考える．全分子 N の順序を入れかえる数は $N!$ である．ある一つのエネルギー準位のなかで順序を入れかえても，新しい分布ではない．したがって，分布を実現する方法の数 W は，$N!$ を各準位のなかで分子を入れかえる数 $n_1! n_2! n_3! \cdots$ で割ったものになる．

$$W = \frac{N!}{n_1! n_2! n_3! \cdots} \tag{7.7}$$

"いろいろ存在する各準位へのふりわけ方のなかで実際に起こっているのはどれなのだろうか？" ボルツマン（L. E. Boltzmann）は，自然界でもっとも起こりやすい分布は式(7.5)と式(7.6)の初期条件のもとで各準位へのふりわけ方の数 W が最大となるものであると考えた．その結果，全分子数 N に対してあるエネルギー ε_i をもつ状態にある分子数 n_i の割合は次式で与えられることを導いた．

$$\frac{n_i}{N} = \frac{\exp\left(\dfrac{-\varepsilon_i}{k_B T}\right)}{\sum_{i=1} \exp\left(\dfrac{-\varepsilon_i}{k_B T}\right)} \tag{7.8}$$

L. E. Boltzmann（1844-1906）オーストリアの物理化学者．

これがボルツマン分布である．

また，式 (7.8) から i 状態と j 状態の分子数の比は

$$\frac{n_i}{n_j} = \exp\left(-\frac{\varepsilon_i - \varepsilon_j}{k_B T}\right) \tag{7.9}$$

となる．図 7.2 はボルツマン分布の様子を模式的に表したものである．エネルギー準位が高くなるほど分布する分子の数は少なくなる．また，温度が高くなるほど，高いエネルギー準位に多くの分子が分布するようになる．

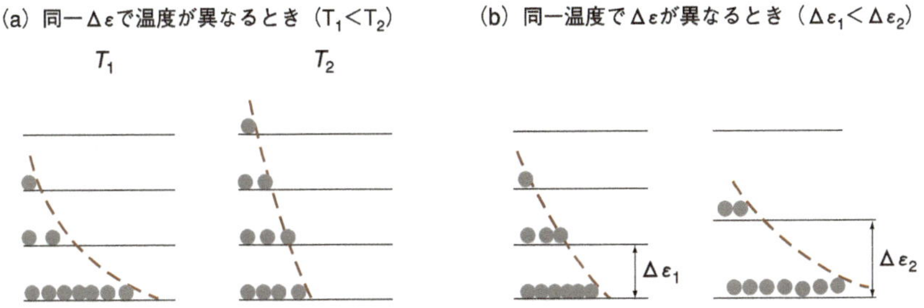
(a) 同一Δεで温度が異なるとき（T1<T2）
T1
T2
(b) 同一温度でΔεが異なるとき（Δε1<Δε2）
Δε1
Δε2

図 7.2　ボルツマン分布

7.3　分配関数

7.3.1　分配関数の意味とその温度依存性

式(7.8)の分母は重要な意味をもっている．これを q と書いて，**分配関数**（partition function，あるいは分子の分配関数なので分子分配関数）と呼ぶ．すなわち，

$$q = \sum_{i=1} \exp\left(\frac{-\varepsilon_i}{k_B T}\right) \tag{7.10}$$

であり，振動・回転・並進の許容エネルギー ε_i がわかればそれぞれの q の値を計算することができることになる．これは分子がある温度において，分布することができる状態の数を足し合わせたものである．すべての許されたエネルギー準位を分子がどのくらい占有しているかを教えてくれる．この式からわかるように，温度が低くなると低いエネルギー準位の占有確率が増大し，0 K に近づくと q は 1 になっていく．つまり，このとき一つの状態しかとれない．逆に温度を高くしていくと q は限りなく大きくなる．

一般には，一つのエネルギー準位に二つ以上の状態が対応する場合がある．すなわち，縮退しているときには**縮退**（degeneracy）を考慮する必要がある．いま，i 状態の縮退度を g_i とするとき，式(7.10)は次のようになる．

$$q = \sum_{i=1} g_i \exp\left(\frac{-\varepsilon_i}{k_B T}\right) \tag{7.11}$$

6章で，分子のエネルギーは式(6.6)のように，電子，振動，回転，

並進の四種類の量子化されたエネルギーに分離できることを学んだ．そこで，式(6.6)を式(7.11)に代入すると

$$q = q^{\text{ele}} \cdot q^{\text{vib}} \cdot q^{\text{rot}} \cdot q^{\text{trans}} \tag{7.12}$$

のように，分子の分配関数はそれぞれの運動の分配関数の積となることが導かれる．

6章で述べたように，電子準位の間隔は非常に大きいので，分配関数にはほとんど影響がない．すなわち，電子の分配関数は通常1である．

分子の分配関数の温度微分は，N分子の集合体である気体のエネルギーEを計算する方法を与えてくれる．いま，

$$E = \sum_{i=1} \varepsilon_i n_i \tag{7.13}$$

であるから，これにボルツマン分布の式(7.8)を使うと次式になる．

$$E = \frac{N}{q} \sum_{i=1} \varepsilon_i \exp\left(\frac{-\varepsilon_i}{k_B T}\right) \tag{7.14}$$

ここで，分配関数を温度で微分すると

$$\frac{dq}{dT} = \frac{1}{k_B T^2} \sum_{i=1} \varepsilon_i g_i \exp\left(\frac{-\varepsilon_i}{k_B T}\right) \tag{7.15}$$

となり，これを用いると式(7.14)は次式になる．

$$E = \left(\frac{N k_B T^2}{q}\right) \frac{dq}{dT} \tag{7.16}$$

ここでさらに，$N k_B = nR$ であるから，

$$E = \left(\frac{n R T^2}{q}\right) \frac{dq}{dT} \tag{7.17}$$

となる．この式は，ミクロな量子化されたエネルギーからマクロな分子集団の熱エネルギーを導くための橋渡しとなる重要な関係である．すなわち，いろいろな運動の分配関数の温度微分がわかれば，それぞれのマクロな分子集団のエネルギーを計算できることを表している．

したがって，それぞれの運動の分配関数がわかれば気体分子全体のエネルギーが計算できることになる．それでは，それぞれの運動の分子分配関数はどのようなかたちなのだろうか？

7.3.2 分子集団の並進エネルギー

ここでは一つの例として，並進運動について分子の分配関数を求める．一辺 a の立方体のなかでの並進運動のエネルギーは式(6.16)で与えられ，m を分子の質量としたものである．並進運動の最低エネルギー状態は相対的に非常に小さいのでゼロとおく．量子化された並進運動の許容エネルギー準位である式(6.16)を分配関数の式(7.11)に代入すると

$$q^{\text{trans}} = \sum_{n_x, n_y, n_z = 1} \exp\left\{-\frac{(n_x^2 + n_y^2 + n_z^2)\frac{h^2}{8ma^2}}{k_B T}\right\} \quad (7.18)$$

となる．前にも述べたように，この和は非常に近接したエネルギー準位なので，連続とみなせる．すなわち，次のように積分で置き換えることができる（付録3の積分公式を参照）．

$$\begin{aligned} q_x^{\text{trans}} &= q_y^{\text{trans}} = q_z^{\text{trans}} \\ &= \int_0^\infty \exp\left(\frac{-n_x^2 \frac{h^2}{8ma^2}}{k_B T}\right) dn_x \\ &= \frac{\sqrt{2\pi m k_B T}}{h} a \end{aligned} \quad (7.19)$$

となるので，次のような結果を得る．

$$q^{\text{trans}} = q_x^{\text{trans}} \cdot q_y^{\text{trans}} \cdot q_z^{\text{trans}} = \frac{(2\pi m k_B T)^{\frac{3}{2}}}{h^3} V \quad (7.20)$$

ここで，$V = a^3$ で，V は気体の体積である．式(7.20)が分子の並進の分配関数である．同様のやり方によって，回転運動と振動運動に対する分配関数の形を求めることができる．表7.2 はその結果である．

次に，表7.2 のような並進，回転，振動，および電子エネルギー

表7.2 分配関数

	自由度の数	分配関数	大きさのオーダー（～300 K）
並進	3	$\dfrac{(2\pi m k_B T)^{3/2}}{h^3} V$	$10^{31}\sim 10^{32}\, V(\mathrm{m}^3)$
回転（直線分子）	2	$\dfrac{8\pi^2 I k_B T}{\sigma h^2}$	$10\sim 10^2$
回転（非直線分子）	3	$\dfrac{8\pi^2 (8\pi^3 I_A I_B I_C)^{1/2}(k_B T)^{3/2}}{\sigma h^3}$	$10^2\sim 10^3$
振動（基準振動あたり）	1	$\dfrac{1}{1-\exp(-h\nu/k_B T)}$	$10^{-2}\sim 10$

m：分子の質量，I：直線分子に対する慣性モーメント，I_A, I_B, I_C：非直線分子における主軸まわりの慣性モーメント，σ：分子の対称数（等核二原子分子は2，異核二原子分子は1），ν：基準振動数，k_B：ボルツマン定数，h：プランク定数，T：絶対温度

の分配関数がわかると，それぞれの自由度の数を考慮して式(7.17)を使って，気体分子の集団（N分子系）のエネルギーを求めることができる．

ここでは一つの例として，質量mの一原子からなる気体のエネルギーを求めてみよう．このケースでの自由度は並進だけである．したがって，この気体の分配関数は式(7.20)で与えられる．これを式(7.17)に代入すると1モルの分子の並進運動エネルギーとして

$$E^{\text{trans}} = \frac{3}{2}RT \tag{7.21}$$

が得られる．この結果はすでに5章の分子運動論の説明で使った．すなわち，この関係を式(5.12)に代入すると理想気体の状態方程式 $PV = nRT$ を得る．

まったく同様のやり方で，分子集団の回転エネルギーや振動エネルギーを求めることができる．ただ，振動の場合は，和を積分で置き換えることができないので和をそのまま実行することになる．

以上のように，分子の集団からなる物質（気体）では，ボルツマン分布にしたがって，温度が高くなるとともに図6.9に示したエネルギー準位の上の状態に位置する分子の数が増大する．すべての分子が最低準位にある状態と，それより高いエネルギーをもった状態とのエネルギー差の総和は物質の**熱エネルギー**（thermal energy）

である．この章では，振動，回転，並進成分にわけて，その導出方法を説明した．図 6.9 の最低準位にある分子のエネルギーの総和（すなわち，$\varepsilon_0 N$ に相当し，0 K での物質のエネルギーである）と熱エネルギーとを足し合わせたものを物質の**内部エネルギー**（internal energy）U という．内部エネルギーは物質の熱平衡状態を特徴づける熱力学関数として次の章で取り扱う．

章末問題

1. マクスウェル・ボルツマンの速度分布式(7.1)は規格化されていることを証明せよ．

2. 分子の全エネルギーは式(6.6)のように，電子，振動，回転，並進に関する四種類のエネルギーの和で与えられる．それぞれの分子の分配関数は式(7.12)のように積で表されることを示せ．

3. マクスウェル・ボルツマンの速度分布式から最大確率速度 v_m を計算せよ．

4. 量子化されたエネルギーから，1 自由度あたりの振動の分配関数 q^{vib} を導け．
   ヒント：$1 + e^{-x} + e^{-2x} + \cdots\cdots = (1 - e^{-x})^{-1}$

Column レーザー

レーザーという語は "Light Amplification by Stimulated Emission of Radiation（輻射の誘導放出による光の増幅）" の頭字語（acronym）である．

分子は光エネルギーを吸収して低いエネルギー準位（E_1）から高い準位（E_2）へ遷移する（図 1.4 参照）．すなわち，光子エネルギーが分子エネルギーへ変換される．励起された分子はいつまでも励起状態にとどまっているわけではなくて，光子エネルギーを放出して基底状態へ移行する．このとき，自発的に光子エネルギーを放出する場合を**自然放出**（spontaneous emission）というのに対して，光で励起状態の分子を刺激することによって励起状態から基底状態へ遷移させることを**誘導放出**（stimulated emission）という．レーザーは，誘導放出によって増幅された光である．

誘導放出によって連続的に光増幅を起こさせるためには，基底状態分子によって光子が吸収される確率よりも，励起された分子から放出を誘起する確率の方が大きい状態をつくりださなければならない．つまり，励起状態の占有数が下の準位より大きくなる**逆転分布**（population inversion）状態をつくることが求められる．

レーザー光は高強度で，短パルス化も可能で単色性が高く，さらに指向性がよく位相がそろっているという特性をもっている．現在ではパルス幅が 100 fs，パルスあたり 1 mJ を出力するレーザーが市販されている．

レーザーはいまや分子分光学において欠かせない光源となっている．また，このような高い強度と指向性を利用して，金属の切断やガラス加工，手術用メス，バーコードの読み取り器，光ディスク，CD プレーヤーなど，いろいろな器具として実用化されている．

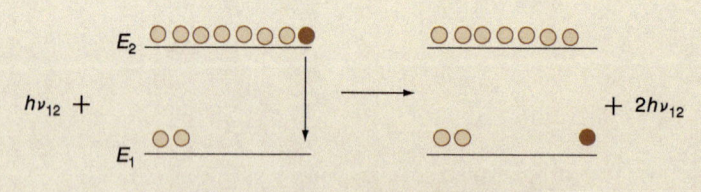

図 逆転分布状態からの誘導放出による増幅

8 物質の熱的性質とエネルギー

物質の状態変化が起こるとき，その周囲と物質の間でさまざまなエネルギーのやりとりが行われる．たとえば，水を加熱すると 100 ℃ で蒸発して気体になる．このとき，水は周囲から加熱によってエネルギーを受けとる一方で，気体になる際に体積が膨張するため，周囲の物質を押しのけるのに必要なエネルギーを消費する．この章では，物質のさまざまな状態変化におけるエネルギーのやりとりを，定量的に評価する方法について解説する．

KEY CONCEPT
- 熱と仕事
- 内部エネルギー
- 熱力学第一法則
- エンタルピー
- 熱化学

8.1 熱と仕事

一口にエネルギーといっても，運動エネルギー，位置エネルギー[1]，電気エネルギーなど，その形態はさまざまである．これらのエネルギーは相互に変換することができる．たとえば，高い位置から落下したボールが高速で落ちてくるのは，位置エネルギーが運動エネルギーに変換された結果である．ボールと空気の間に摩擦がない理想的な状況では，運動エネルギーと位置エネルギーは 100 % の効率で相互変換することが可能であり，両者の和を力学的エネルギーと呼んでいる．

物体のエネルギーが変化する場合，大きく分けて二通りの方法がある．一つは「**熱**（heat）」の移動である．たとえば，熱湯が徐々に冷めてエネルギーが失われるとき，熱湯から周囲の環境へ熱が移動したと考える．もう一つの方法は，「**仕事**（work）」であり，ある力に逆らって物体を動かすことによってエネルギーが変化する[2]．

[1] 位置エネルギーは一般的にはポテンシャルエネルギーという．

[2] 微視的な観点でみると，熱は原子や分子の無秩序な運動に由来するエネルギーであるのに対し，仕事はすべての原子や分子が秩序正しく一定の方向へ運動することで生じるエネルギーであるといえる．

ここで，熱と仕事の相互変換について考えよう．水平な面の上に置かれた物体を押して（仕事をして）並進運動させると，物体は摩擦によって徐々に減速し最後には停止する．このとき，物体のもっていた運動エネルギーは，摩擦熱に変換される．つまり，仕事はすべて熱へ変換することが可能である．しかし，逆の変換はどうであろうか．われわれが日頃利用している自動車やバスなどは，ガソリンや軽油などの燃料と酸素の燃焼反応によって生じた熱を，エンジンで仕事に変換して動力にしている．しかし，生じた熱の大部分は廃熱として大気中に放出されてしまい，仕事に変換されることはない．ここで，「熱をすべて仕事へ変換させることは可能なのだろうか？」という疑問がわいてくる．熱から仕事への変換効率は，エンジンの燃費や，それを利用して生産される製品のコストに直接かかわってくるので，古くは産業革命の頃から蒸気機関の改良をおこなううえで重大な関心が寄せられてきた．このような背景のなか，**熱と仕事とエネルギーの関係を扱う学問体系として発展したのが**，「**熱力学 (thermodynamics)**」である．

物質を扱ううえで熱力学の知識が何の役に立つのか，すぐにはピンとこないかもしれない．しかし，本章を読み進めるにつれて，物質の熱的性質や化学反応の平衡などを考えるとき，熱力学の知識が非常に大きな力を発揮することに気づくであろう．

8.2 熱力学第一法則

8.2.1 熱力学第一法則とエンタルピー

熱力学では，まず対象とする**系** (system) とそれ以外の**外界** (surroundings) に区別する．系とは注目する対象そのものを指し，たとえばエンジン全体や，容器に閉じ込められた気体のことを意味する．外界は系以外のすべてである．また，系と外界の間に熱や物質のやりとりがあるかどうかで，系の呼び方が異なる．**開放系** (open system) は系と外界の間で物質の出入りがある場合，**閉鎖系** (closed system) は物質の出入りがない場合を指す．一方，外界との間で物質とエネルギーのやりとりのない系を**孤立系** (isolated system) と呼んでいる．

ジュール (J. P. Joule) は図 8.1 のような装置を用いて，仕事か

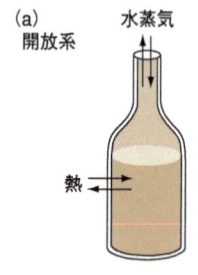

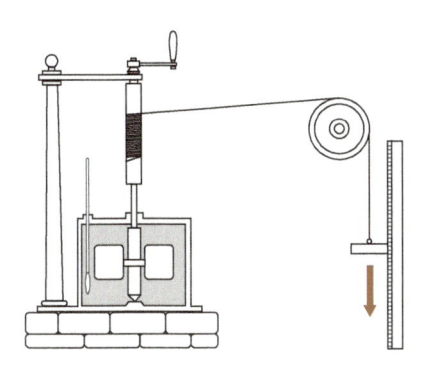

図 8.1 ジュールによる実験装置の模式図

ら熱への変換に関する実験をおこなった．すなわち，おもりの位置エネルギーを使って水槽内のかくはん翼を回転させ，摩擦熱によって生じる水の温度変化を詳細に調べた．その結果，仕事は熱に100%の効率で変換され，それらが互いに等価なエネルギーの一形態であるということを見いだした[†]．この実験結果から，**熱力学第一法則**（the first law of thermodynamics）が発見された．

熱力学第一法則の数学的な表現は，

$$\Delta U = Q + W \tag{8.1}$$

である．ここで，Q と W はそれぞれ，系に加えた熱と仕事である[3]．U は**内部エネルギー**（internal energy）といい，系のもつ全エネルギーから系全体の運動エネルギーと位置エネルギーを差し引いたものとして定義される．U の前についている記号 Δ（デルタ）は変化量で，変化後の値から変化前の値を引いたものを表す．この式によると，系の内部エネルギーは，系にした仕事や移動した熱の分だけ変化する．いいかえれば，エネルギーが何もしないで発生したり，逆に消滅したりしないことを意味している．すなわち，**熱力学第一法則はエネルギー保存則であるといえる**[4]．

理想気体に対して，熱力学第一法則を適用しよう．図8.2に示すように，シリンダーと滑らかに動くピストンの間に閉じ込められた理想気体を系として，ピストンを押して気体を圧縮するのに必要な仕事 W を計算する．気体の体積が ΔV だけ変化したとき，外界から系にした仕事 W は，力学の基本式，

（仕事）＝（ピストンにかかる力）×（移動距離）

[†] 当時は熱の単位としてカロリー（cal）が用いられていた．ジュールの実験により，熱（Q）と仕事（W）の間に比例関係があることが確かめられた．現在では，Q（cal）と W（J）の変換式として
$$W(\text{J}) = 4.184\, Q(\text{cal})$$
が用いられている．ここで，4.184（J/cal）を熱の仕事当量という．

3) 系が外界から仕事をされたり熱をもらうとき正にとり，逆に系が外界へ仕事をしたり，熱を放出するときは負にとる．

4) 特殊相対論によるとエネルギーと質量は等価なので，厳密には質量とエネルギーの相互変換は起こりうる．

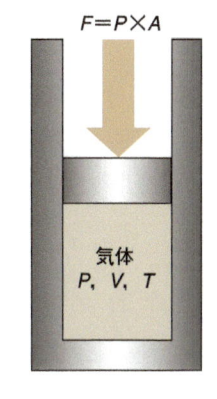

図 8.2 シリンダー内の気体の圧縮に必要な仕事 W

5) ピストンの重さ（ポテンシャルエネルギー）は無視できるものとした．

を用いて計算できる[5]．（ピストンにかかる力 F）＝（気体の圧力 P）×（ピストンの断面積 A）であるから

$$W = -P\Delta V \tag{8.2}$$

を得る．これを P–V 仕事（または体積仕事）という．気体の P–V 状態図（図 8.3）において，斜線部の面積が P–V 仕事 W に相当する．ピストンを押して気体を圧縮する場合，体積変化は負（$\Delta V<0$）なので $W>0$ となり，式(8.1)より内部エネルギーは増加する．すなわち，外界から系にした仕事 W が内部エネルギーとして蓄えられる．逆にピストンを引いて気体を膨張させた場合，$W<0$ なので外界へ仕事をしたことになり，系の内部エネルギーは減少する．

式(8.1)と(8.2)を用いると，系の状態が変化したときに移動する熱量 Q は次式で与えられる．

$$Q = \Delta U + P\Delta V \tag{8.3}$$

この式は，熱 Q は ΔU と $P\Delta V$ の両方の増減に依存することを意味している．気体のように体積変化が無視できない系では，系に移動した熱 Q は ΔU と一致しない．そこで，新しい状態量[6]として**エンタルピー**（enthalpy）H を $H = U + PV$ と定義すると，定圧でのエンタルピー変化 ΔH は，

$$\Delta H = \Delta U + P\Delta V \tag{8.4}$$

6) 状態量とは，系の状態が指定されれば一義的に定まる，その状態に固有の量のことである．U や H は状態量だが，W や Q は状態量ではない．
W や Q は二つの状態の間の U や H の差を表すので，温度や圧力，体積で状態を一つだけ指定しても一義的に定まらないのである．

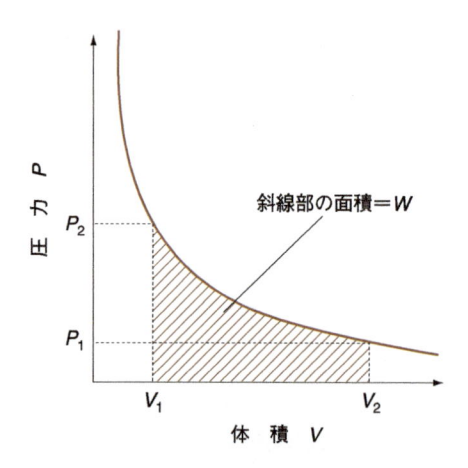

図 8.3　気体の P–V 状態図と仕事 W の関係

と書ける．ΔH は系に移動した熱 Q と一致する．

$$\Delta H = Q \quad \text{（定圧条件下）} \tag{8.5}$$

つまり，圧力一定の条件で起こる状態変化で系へ移動した熱 Q を論じるときは，ΔU ではなく ΔH を用いなければならない．とくに蒸発や昇華など，大きな体積変化をともなう場合，ΔH と ΔU の差が大きくなるので注意が必要である．反対に，固体を加熱する場合のように系の体積がほぼ一定とみなせる場合，Q は ΔU と一致する．

8.2.2 熱容量

物質を加熱すると温度が上昇する．物質の温度を 1 K 上昇させるのに必要な熱量を**熱容量**（heat capacity）という．これには，加熱のときに系の体積が一定である場合の**定容熱容量**（heat capacity at constant volume）C_V と，圧力が一定の場合の**定圧熱容量**（heat capacity at constant pressure）C_P がある．

$$C_V = \left(\frac{\partial U}{\partial T}\right)_V \tag{8.6}$$

$$C_P = \left(\frac{\partial H}{\partial T}\right)_P \tag{8.7}$$

理想気体では C_V と C_P の間に次の関係が成立つ．

$$C_P - C_V = nR \tag{8.8}$$

この関係は，5 章で述べた理想気体の内部エネルギーを表す式 (5.13)，すなわち $U = (3/2)nRT$[7] を用いれば，導くことができる．式 (8.6) より理想気体の定容熱容量は

$$C_V = \frac{3}{2}nR \tag{8.9}$$

となる．

一方，理想気体では状態方程式 $PV = nRT$ が成立するので（5 章参照），エンタルピーは $H = U + PV = (3/2 + 1)nRT$ となる．よって，理想気体の定圧熱容量

$$C_P = \left(\frac{3}{2} + 1\right)nR \tag{8.10}$$

偏微分について

多変数関数において，一方の変数を固定して係数とみなし，他方の変数について微分することを偏微分という．たとえば，関数 $z(x, y)$ の y の値を固定しながら x について微分したものは

$$\left(\frac{\partial z}{\partial x}\right)_y$$

のように表される．

[7] 5 章のエネルギー E は，ここでの内部エネルギー U に相当する．

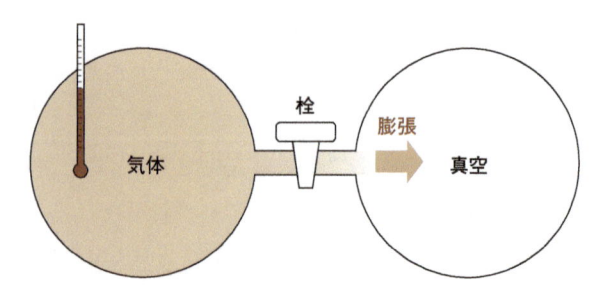

図 8.4　ジュールによる気体の自由膨張に関する実験

となり，式(8.8)の関係が成立する．

　一方，別の考え方によって式(8.8)を導くこともできる．ジュールは，図 8.4 に示すように，断熱した容器に閉じ込めた気体を真空へ向かって膨張させて（自由膨張という），気体の温度変化を測定した．その結果，膨張の前後で気体の温度が変化しないことを見いだした．この結果は次のように解析される．まず，気体は断熱されているので $Q = 0$ である．また，自由膨張では気体にかかる圧力は $P = 0$ なので，仕事も $W = 0$ である．したがって，熱力学第一法則より気体の内部エネルギー変化は $\Delta U = 0$ であることがわかる．次に，気体の内部エネルギー U を温度 T と体積 V の関数とみなすと，次式を得る．

$$\begin{aligned}\Delta U &= \left(\frac{\partial U}{\partial T}\right)_V \Delta T + \left(\frac{\partial U}{\partial V}\right)_T \Delta V \\ &= C_V \Delta T + \left(\frac{\partial U}{\partial V}\right)_T \Delta V \end{aligned} \quad (8.11)$$

ここで，実験結果より $\Delta V \neq 0$，$\Delta T = 0$ にもかかわらず $\Delta U = 0$ であるという事実から，$(\partial U/\partial V)_T = 0$ でなければならない．したがって，式(8.11)の両辺を ΔT で割り，圧力一定の条件から

$$\left(\frac{\partial U}{\partial T}\right)_P = C_V \quad (8.12)$$

を得る．最後に，エンタルピーの定義式と理想気体の状態方程式 $PV = nRT$ を用いると，

全微分について

変数 x と y を微小変化させたときの $z(x, y)$ の変化量を，z の全微分という．z の全微分は Δz と表され，偏微分を用いて

$$\Delta z = \left(\frac{\partial z}{\partial x}\right)_y \Delta x + \left(\frac{\partial z}{\partial y}\right)_x \Delta y$$

で与えられる．

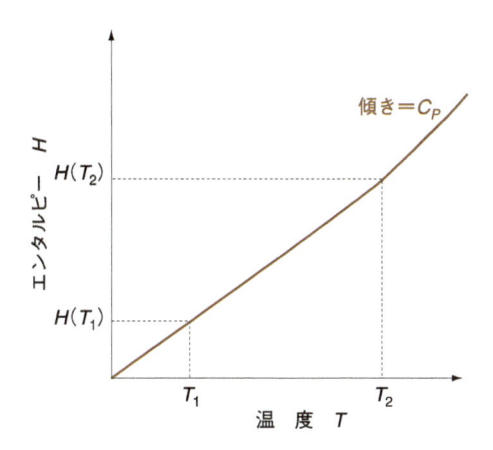

図 8.5 温度とエンタルピーの関係

$$C_P - C_V = \left(\frac{\partial(U + PV)}{\partial T}\right)_P - C_V$$

$$= \left(\frac{\partial(U + nRT)}{\partial T}\right)_P - C_V$$

$$= \left(\frac{\partial U}{\partial T}\right)_P + nR - C_V = nR \quad (8.13)$$

が導かれる[8]. なお，この式は理想気体でのみ成立し，実在気体では気体の種類によって $C_P - C_V$ の値が異なる. ジュールの実験条件では気体が理想的なふるまいをしていたので，結果的に式(8.13)を導くことができたのである.

物質の定圧熱容量がわかれば，エンタルピーの温度変化を計算することができる. 図 8.5 はエンタルピーと温度の関係を示す. 熱容量の定義式(8.7)から，このプロットの勾配は C_P を与える. 温度 T_1 におけるエンタルピーが $H(T_1)$ であるとき，T_2 におけるエンタルピー $H(T_2)$ は次式によって計算できる.

$$H(T_2) = H(T_1) + \int_{T_1}^{T_2} C_P dT \quad (8.14)$$

[8] この証明では，気体が原子や分子から構成されているという事実を一切考慮していないことに留意しよう.

8.3 化学反応とエンタルピー

化学反応で放出や吸収される熱を取り扱う学問を，**熱化学**（thermochemistry）という. われわれの身のまわりで起きる化学反応や

実験室で取り扱う化学反応は大気圧条件である場合が多い．この場合，化学反応で出入りする熱を論じるには，前節で説明したエンタルピーの概念を必要とする．

熱化学においてエンタルピーなどの熱力学量を測定するときには，基準となる状態が必要になる．その基準として一般に**標準状態**（standard state）を採用する．純粋な物質の標準状態とは，ある特定の温度で圧力 1 bar（= 10^5 Pa）において，物質が安定な状態，あるいは指定された状態のことをいう．標準状態で測定されたエンタルピーを**標準エンタルピー**（standard enthalpy）といい，$H°$ で表す．温度はとくに指定しないかぎり 298.15 K（25℃）を基準とするが，他の温度における標準状態を考えることもできる．たとえば，温度 373 K の標準状態における水の蒸発にともなう標準エンタルピー変化（標準蒸発エンタルピー）は 40.656 kJ/mol である．その意味は，373 K，1 bar で液体状態にある 1 モルの水が，同じく 373 K，1 bar で気体状態にある 1 モルの水（水蒸気）へ変化した際に出入りした熱が 40.656 kJ/mol だということである．符号が正であるのは，蒸発の際に熱を吸収することを意味している．

化学反応で放出・吸収される熱（反応エンタルピー）を記述するには，**熱化学方程式**（thermochemical equation）を用いる．たとえば，標準状態で水素（気体）と酸素（気体）が反応して水（液体）が生成する際の熱化学方程式は次式のように表される[9]．

$$H_2(g) + \frac{1}{2} O_2(g) \rightarrow H_2O(l)$$
$$\Delta_r H° (298 \text{ K}) = -285.83 \text{ kJ/mol} \tag{8.15}$$

$\Delta_r H°$（298 K）は 298 K におけるこの反応の**標準反応エンタルピー**（standard enthalpy change of reaction）であり，負の符号がついているのは発熱反応であることを示す[10]．

複数の熱化学方程式を組み合わせて，別の反応の標準反応エンタルピーを得ることができる．この手法はヘス（G. H. Hess）によって初めて見いだされ，**ヘスの法則**（Hess's law）と呼ばれている．エンタルピーが状態に固有の量であり，その状態に至るまでの経歴によらないことを考えれば，ヘスの法則が成立するのは当然の帰結といえる．

エチレンが水素化してエタンができる反応を用いて，ヘスの法則

---

9) (g)，(l) はそれぞれ気体，液体を表す．

10) 標準反応エンタルピーは，$\Delta H°$ に添え字 r をつけて $\Delta_r H°$ で表す．$\Delta_r H°$ の絶対値が大きいほど発熱または吸熱量も大きい．

の応用例を示す．エチレンとエタンの燃焼反応について，標準反応エンタルピーがわかっているものとする．両反応の熱化学方程式は

$$C_2H_4(g) + 3O_2(g) \rightarrow 2CO_2(g) + 2H_2O(l)$$
$$\Delta_rH^\circ(298\text{ K}) = -1411 \text{ kJ/mol} \qquad (8.16)$$

$$C_2H_6(g) + 3\frac{1}{2}O_2(g) \rightarrow 2CO_2(g) + 3H_2O(l)$$
$$\Delta_rH^\circ(298\text{ K}) = -1560 \text{ kJ/mol} \qquad (8.17)$$

で表される．ここで，エチレンの水素化反応について標準反応エンタルピーを求めるには，この反応が式(8.15)～(8.17)の組合せであると考えればよい．すなわち，

$$C_2H_4(g) + 3O_2(g) \rightarrow 2CO_2(g) + 2H_2O(l) \qquad \Delta_rH^\circ(298\text{ K}) = -1411 \text{ kJ/mol}$$

$$2CO_2(g) + 3H_2O(l) \rightarrow C_2H_6(g) + 3\frac{1}{2}O_2(g) \qquad \Delta_rH^\circ(298\text{ K}) = +1560 \text{ kJ/mol}$$

$$H_2(g) + \frac{1}{2}O_2(g) \rightarrow H_2O(l) \qquad \Delta_rH^\circ(298\text{ K}) = -285.83 \text{ kJ/mol}$$

$$\overline{C_2H_4(g) + H_2(g) \rightarrow C_2H_6(g) \qquad \Delta_rH^\circ(298\text{ K}) = -137 \text{ kJ/mol}}$$

として計算できる．標準反応エンタルピーを直接測定することが困難な場合でも，このようにして測定可能な反応を適切に組み合わせれば，間接的に見積もることが可能になる．

多様な化合物について，その化合物が構成元素の安定な単体から生成するときの標準エンタルピー変化を調べておけば，ヘスの法則によって任意の反応に対する標準反応エンタルピーの計算が可能になることに気づくであろう．構成元素の安定な単体から化合物が生成するときのエンタルピー変化を**標準生成エンタルピー**（standand enthalpy change of formation）といい，ΔH° に添え字 f をつけて $\Delta_f H^\circ$ で表す．たとえば，アンモニア（気体）と塩化水素（気体）が反応して塩化アンモニウム（固体）ができる反応の標準反応エンタルピーは次のようにして計算できる．

$$\begin{array}{cccc} & NH_3(g) & + \quad HCl(g) & \rightleftarrows \quad NH_4Cl(s) \\ \Delta_fH^\circ(298\text{ K}) & -46.11 \text{ kJ/mol} & -92.31 \text{ kJ/mol} & -314.43 \text{ kJ/mol} \end{array}$$

$$\Delta_rH^\circ(298\text{ K}) = -314.43 - (-46.11 - 92.31) = -176.01 \text{ kJ/mol}$$

11) すべての安定な単体の標準生成エンタルピーはゼロであることに注意.

一般には，生成物の標準生成エンタルピーの和から反応物の標準生成エンタルピーの和を差し引くことで，標準反応エンタルピーが得られる．いくつかの代表的な化合物について標準生成エンタルピーのデータを表8.1にまとめた[11]．

さらに，ある温度での標準反応エンタルピーと各物質の定圧熱容量がわかっていれば，別の温度での標準反応エンタルピーを計算することができる．図8.6は，標準反応エンタルピーの温度変化を表している．温度 T_1 における反応物と生成物の標準生成エンタルピーはそれぞれ $\Delta_f H^\circ(T_1,$ 反応物$)$, $\Delta_f H^\circ(T_1,$ 生成物$)$ であり，これらの差が標準反応エンタルピーに相当する．温度が T_1 から T_2 へ変化すると，標準生成エンタルピーはそれぞれ式(8.14)にしたがって $\sum \int_{T_1}^{T_2} C_P dT$ だけ変化する．したがって，新しい温度 T_2 での標準反応エンタルピーは

表8.1 標準生成エンタルピーとモル定圧熱容量[*1]

化合物	標準生成エンタルピー $\Delta_f H^\circ$ (298 K) (kJ/mol)	モル定圧熱容量 C_P (J K^{-1} mol^{-1})
CO(g)[*2]	−110.53	29.14
CO$_2$(g)	−393.51	37.11
NH$_3$(g)	−46.11	35.06
HCl(g)	−92.31	29.12
H$_2$O(g)	−241.82	33.58
H$_2$O(l)	−285.83	75.29
NH$_4$Cl(s)	−314.43	89.29

*1) 物質1モルあたりの定圧熱容量のことをモル定圧熱容量という．
*2) (g), (l), (s) はそれぞれ気体，液体，固体状態を表す．

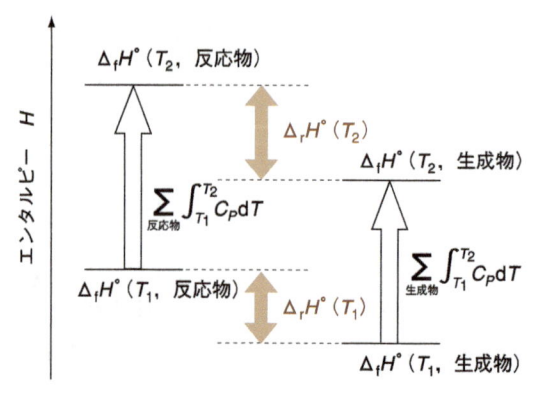

図8.6 温度変化にともなう標準反応エンタルピーの変化

$$\Delta_r H°(T_2) = \Delta_r H°(T_1) + \sum_{生成物}\int_{T_1}^{T_2} C_P dT - \sum_{反応物}\int_{T_1}^{T_2} C_P dT \quad (8.18)$$

によって計算される．例として，先に述べた塩化アンモニウムの生成反応をもう一度とりあげ，398 K での標準反応エンタルピーを見積もってみよう．表 8.1 のモル定圧熱容量の値を用いて式(8.18)に代入すると，

$$\Delta_r H°(398\ \text{K}) = \Delta_r H°(298\ \text{K}) + 100\ \text{K} \times (89.29 \times 10^{-3}\ \text{kJ K}^{-1}\ \text{mol}^{-1})$$
$$- 100\ \text{K} \times (35.06 \times 10^{-3}\ \text{kJ K}^{-1}\ \text{mol}^{-1} + 29.12 \times 10^{-3}\ \text{kJ K}^{-1}\ \text{mol}^{-1})$$
$$= -173.5\ \text{kJ/mol}$$

を得る．新たな測定をしなくても，このようにして化学反応の標準反応エンタルピーを任意の温度について見積もることができる．

章末問題

1. 系の状態変化と内部エネルギー変化（ΔU）の関係を説明せよ．さらにエンタルピー変化（ΔH）との関係も説明せよ．

2. 温度一定の条件で理想気体の体積を 1/2 に圧縮したとき，気体の内部エネルギー（U）とエンタルピー（H）はどのように変化するか．

3. 理想気体を加熱して，温度を 300 K から 500 K にしたい．体積一定の条件と圧力一定の条件で加熱をするときに要する熱を計算せよ．

4. 表 8.1 のデータを用いて，298 K における次の化学反応の標準反応エンタルピー（$\Delta_r H°$）を求めよ．

    $$CO(g) + H_2O(g) \rightarrow CO_2(g) + H_2(g)$$

5. 問題 4 の反応について 398 K における標準反応エンタルピー（$\Delta_r H°$）を求めよ．ただし，$H_2(g)$ のモル定圧熱容量は $C_P = 28.82\ \text{J K}^{-1}\ \text{mol}^{-1}$ である．

Column マイクロ波と電子レンジ

　水を特徴づける誘電緩和の虚部（吸収スペクトルに対応する）のピークは 25 GHz 付近にあって，低い周波数の裾野は〜 1 GHz，高い方は遠赤外線の領域まで広がっている．したがって，水はマイクロ波〔波長が 1 m（0.3 GHz）〜 1 mm（300 GHz）の電磁波〕から遠赤外線にいたる広い範囲で電磁波を吸収する．この領域の電磁波エネルギーの吸収にともなって，水は分子間振動エネルギーの高い準位へ励起される．その後，この励起エネルギーは熱エネルギーとなって放出される．すなわち，水はマイクロ波から遠赤外領域の電磁波を吸収して温度が上がるのである．この 25 GHz のピークは数個の水分子が集まったクラスター状態の運動に起因し，高周波数の裾野は水の水素結合を介した分子運動に由来している．

　電子レンジは，この放出される熱を利用して食品などを加熱する器具である．電子レンジには，マグネトロンという電子管の一種を発生源とする，周波数 2.45 GHz のマイクロ波（出力は家庭用で 500〜1000 W，業務用で 1500〜2000 W）が使われている．2.45 GHz は科学的に意味をもつ周波数ではなく，電波の割り当て上で決められた人為的な周波数にすぎない．

　食塩水では，希薄でも塩素イオンが存在することによって水素結合が弱まり，かつ塩素イオンによる電磁波エネルギーの吸収が加わるため，純粋な水よりも数倍強く加熱される．氷の結晶は強い水素結合のために，電気双極子が回転できないので，マイクロ波で加熱されない．

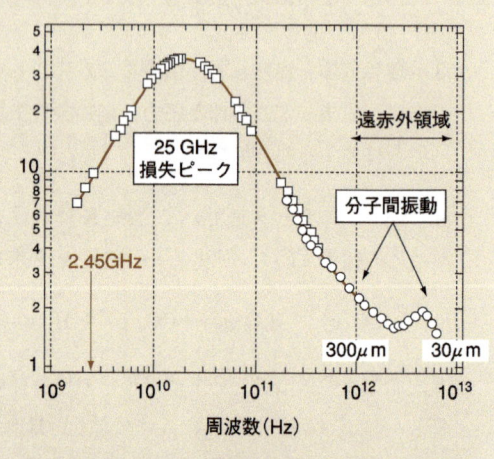

図　マイクロ波から遠赤外領域での水の誘電損失
（矢印は水分子を励起するために電子レンジで使われている周波数）

9 物質の熱的性質とエントロピー

KEY CONCEPT
- 熱力学第二法則
- エントロピー
- クラウジウスの不等式
- 熱力学第三法則
- カルノーサイクル

熱いお茶が自然と冷める，コップが割れて粉ごなになるといった現象を，われわれは普段から当たり前のように目にしている．一方，われわれの常識では，これらの現象が自然と逆向きに起きることはない．この章では，どのような現象が自発的に起き，どのような現象が自発的には起きないのかという判断基準を与える重要な法則と熱力学量について述べる．その後，熱から仕事への変換について，理論的な限界があることについて説明する．

9.1 熱力学第二法則

9.1.1 クラウジウスとトムソンによる表現

二種類の気体を隔てる壁をとりのぞくと，両者は自然に混ざり合う．しかし，いったん混合した気体が何もしないで分離することはない（図9.1a）．また，熱い物体に冷たい物体を接触させると，熱いほうの物体の温度は低下し，冷たいほうの物体の温度は上昇する．これは，熱が高温の物体から低温の物体へ自発的に移動したことを意味するが，逆の現象が自発的に起きることはない（図9.1b）．このような現象を当たり前だと感じるのは，われわれが無意識のうちにこれを自発的な状態変化の方向として認識しているからである．==変化の方向がどちらであっても熱力学第一法則は満たされている==．熱力学第一法則は自発変化の方向を教えてくれない．1850年代に，クラウジウス（R. J. E. Clausius）とトムソン（W. Thomson）は，それぞれ別べつに，この自発的な変化の方向性について考察を進め

W. Thomson（1824〜1907）イギリスの物理学者．ケンブリッジ大教授だったトムソンは，後にその研究成果により男爵の称号を授与されてケルビン卿（Lord Kelvin）と呼ばれるようになった．

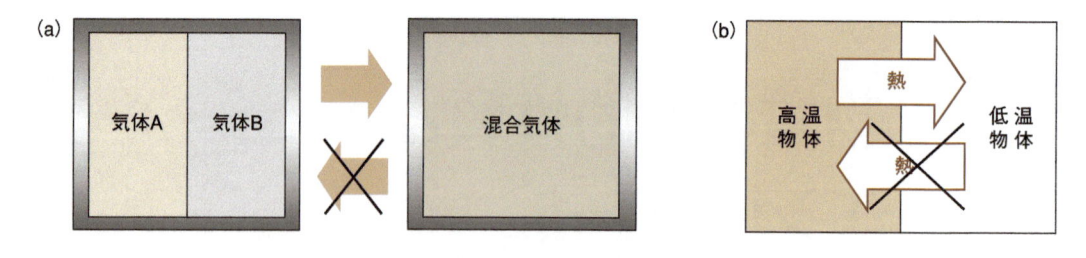

図 9.1 自発変化の方向
(a) 二種類の気体の混合，(b) 高温物体から低温物体への熱の移動

た結果，**熱力学第二法則**（the second low of thermodynamics）を見いだした．

熱力学第二法則にはクラウジウスとトムソンによる二種類の表現がある．

◆**クラウジウスの表現**
「他に何の変化も残さずに，
　低温物体から高温物体に熱が自発的に流れることはない」

◆**トムソン（ケルビン卿）の表現**
「他に何の変化も残さずに，
　吸収した熱のすべてを仕事に変えることはできない」

これらの表現はまったく異なるように見えるが，後に述べるように同じことを意味している．

まず，クラウジウスの表現から見ていこう．上に述べたように，この表現は，低温の物体から高温の物体へ何もしないで熱が移動することはないと述べている．また，この表現を逆に見れば，低温の物体から高温の物体へ熱を移動させるには，系や外界に何らかの変化を残してしまうことになる．たとえば建物のクーラーは部屋のなかから熱をくみあげて冷却する役割を果たしているが，その結果として，くみあげた熱よりはるかに多くの熱を外側へと放出する．その結果，建物の集中する都市部では，夏季にヒートアイランド現象という環境問題を引き起こしてしまう．まさに外界に変化を残しているのである（図 9.2）．

トムソンの表現はやや難解であるが，簡単にいえば，熱源から吸収した熱を 100％仕事に変換することはできないということを述べ

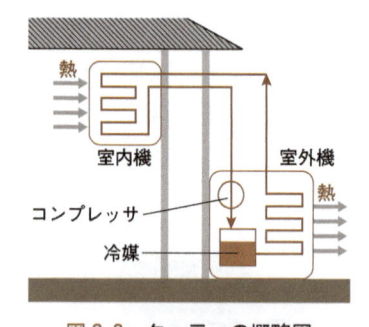

図 9.2　クーラーの概略図
室内機では，冷媒が熱を吸収する．室外機では，コンプレッサで冷媒を圧縮，液化して凝縮熱を放出する．このとき，コンプレッサを動かすために用いた仕事が熱に変換され，室外機から大気中へ一緒に放出される．

ている．実際にこのような熱機関[1]が実現したことはないので，この表現もわれわれは常識的に受け入れることができるだろう．実在する熱機関は必ず仕事に変換されなかった余分な熱を低温熱源へと放出している[†]．

9.1.2 自発的な変化の方向とエントロピー

熱力学第二法則は自発的な変化の方向を教えてくれるが，**エントロピー**（entropy）S という状態量を導入することにより，数式を用いて表現することが可能になる．エントロピーは系の無秩序さ（乱雑さ）を表す熱力学量である．系に熱エネルギーを加えると熱的な無秩序さが増大するが，これをエントロピーの増大として理解する．熱力学的にエントロピー変化 ΔS は次式で定義される．

$$\Delta S = \frac{Q_{\text{rev}}}{T} \tag{9.1}$$

ここで，Q_{rev} は系を始状態から終状態へと可逆的に変化させたときに系へ移動する熱を表している．可逆的な変化とは，外界も含めて系を元の状態へ完全に戻すことができる仮想的な変化のことをいう．式(9.1)は，低温で熱を加えるほうが，高温で熱を加えるよりも，エントロピーの増加が大きいことを表している．それは，温度が低いときのほうが無秩序さは小さいので，より多くの秩序を無秩序化するためである．

エントロピーには二つの重要な性質がある．一つは，U や H などの熱力学量と同じく，エントロピーは状態に固有の量，すなわち状態量であるということである．さらに重要なのは，系の状態変化に対して次の不等式が成立することである．

$$\Delta S \geq \frac{Q}{T} \tag{9.2}$$

この式は**クラウジウスの不等式**（Clausius inequality）とよばれており，熱力学第二法則の数学的表現に相当する．図 9.3 は，式(9.2)の意味を概念的に表している．始状態から終状態まで系が変化するとき，エントロピー変化 ΔS は可逆的な経路に沿って Q_{rev}/T を足し合わせることによって得られる．一方，クラウジウスの不等式によ

[1] 熱を 100% 仕事に変換する熱機関を第二種永久機関という．トムソンの表現は，第二種永久機関をつくることが不可能であることを述べている．

[†] クラウジウスとトムソンは本当に同じことをいっているのだろうか．
ここで，二種類の表現が等価であることを証明しよう．まず，クラウジウスの表現が間違っていると仮定すると，他に何の変化も残さず低温物体から高温物体へ熱をくみあげる方法が存在することになる．一方，熱機関は，高温物体から熱を受け取って一部を仕事に変換し，残りを低温物体に廃熱として放出している．先の不思議な方法で，低温物体へ排出した熱を高温物体へくみあげてやれば，全体としては第二種永久機関が実現する．この結果はトムソンの表現に反する．

逆に，トムソンの表現が間違っているとすると，第二種永久機関が存在することになり，これで得た仕事を使って低温物体から高温物体へ熱をくみあげれば，全体としては他に何の変化も残さず低温物体から高温物体へ熱が移動したことになり，クラウジウスの表現に反する結果が得られる．

二種類の表現の反例が互いに矛盾するということは，これらが等価であることを意味する．

R. J. E. Clausius（1822～1888）ドイツの物理学者．

可逆的な変化

Q_{rev}

始状態 → 終状態

不可逆的な変化

Q

$$\Delta S = \frac{Q_{rev}}{T} > \frac{Q}{T}$$

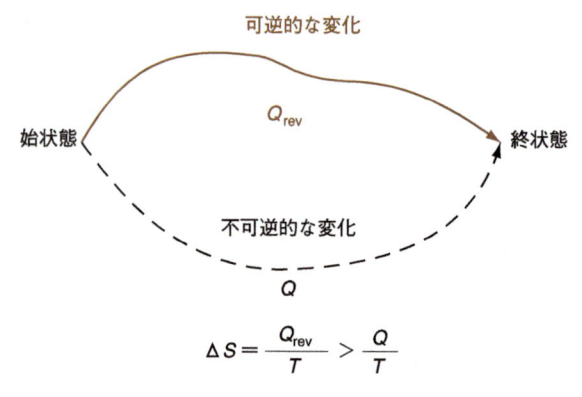

図9.3 クラウジウスの不等式

ると，任意の不可逆的な経路で同じように計算した Q/T の値は ΔS よりもつねに小さくなる．式(9.2)の等号が成立するのは系の変化が可逆的な場合のみである．

クラウジウスの不等式と熱力学第二法則の関連をはっきりさせるには，この式を孤立系に対して適用するとよい．孤立系では $Q = 0$ なので，

$$\Delta S_{孤立系} \geq 0 \tag{9.3}$$

となる．つまり，「孤立系において，自発的に進む変化（不可逆変化）ではエントロピーは必ず増大する」ことを意味する[2]．エントロピーが孤立系の自発的な変化の方向性を支配しているのである．変化する系とその周囲を合わせた宇宙全体を孤立系とみなすことができるので，宇宙全体のエントロピーはあらゆる変化の過程でつねに増大するといいかえることもできる（図9.4）．

例として，図9.1b に示した熱の移動についてエントロピー変化を考察してみよう．高温物体は温度 T_h で熱 $Q(<0)$ を放出し，低温物体は同じ熱を温度 T_c で受け取る．したがって，両物体のエントロピー変化の合計は

$$\Delta S = \frac{|Q|}{T_c} - \frac{|Q|}{T_h} > 0 \tag{9.4}$$

となる．ここで，$T_h > T_c$ なので，$\Delta S > 0$ であると結論されるのである．つまり，高温熱源から低温熱源への熱の移動は，不可逆的な

[2] 孤立系以外では，自発的な変化であっても系のエントロピーは必ずしも増大しないことに注意する必要がある．

9章 物質の熱的性質とエントロピー

図9.4 系と外界を含めたエントロピー変化

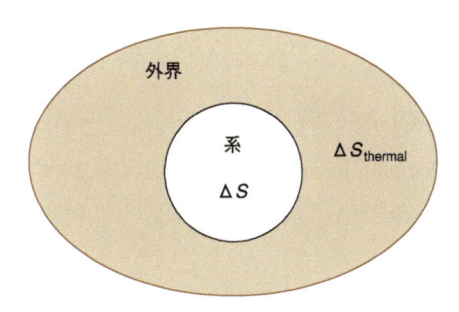

宇宙全体　$\Delta S_{\text{total}} = \Delta S + \Delta S_{\text{thermal}} > 0$

変化であることを意味しており，熱力学第二法則のクラウジウスの表現と一致する．この例は，高温から低温熱源への熱の移動という「エネルギーの質の低下」が，エントロピーを増大させる要因の一つであることを示唆している．

　もう一つ，具体的な例として，前章で紹介した理想気体の自由膨張におけるエントロピー変化を計算しよう．自由膨張で気体の体積が2倍になったとする（図9.5）．このとき，前章で述べたとおり，自由膨張では理想気体の温度は一定であるので，始状態の体積と温度を (V, T) とすると終状態は $(2V, T)$ で表される．ここで，式(9.1)の定義によって ΔS を計算するためには，始状態から終状態に至る可逆的な変化を見いださなければならないが，これは，気体を熱浴[3]に接触させて温度を一定に保ちながら，ゆっくりと膨張させればよい．理想気体の内部エネルギーは温度にのみ依存するので，$\Delta U = 0$ である．したがって，熱力学第一法則より，系に移動した熱 Q は外界から気体にした仕事に等しい（$Q = -W$）．したがって，

$$Q = -W = \int_V^{2V} P dV = nRT \int_V^{2V} \frac{1}{V} dV = nRT \ln 2 \quad (9.5)$$

$$\Delta S = \frac{Q_{\text{rev}}}{T} = nR \ln 2 \quad (9.6)$$

となり[4]，この例でも系のエントロピーは増大することがわかる．すなわち，物質の拡散という現象もまた，孤立系のエントロピーを増大させる要因であることを示唆している．

　一方，統計論的にはエントロピーは次式で定義される．

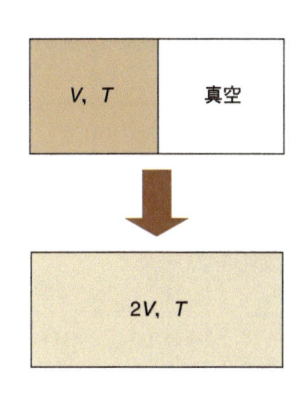

図9.5 理想気体の自由膨張

3) 熱浴とは，熱容量が無限に大きい物体のことを意味する．

4) $\int_a^b x^{-1} dx = [\ln x]_a^b = \ln \left| \frac{b}{a} \right|$
の関係を使った．$\ln$ は e = 2.718128 … を底とする対数，すなわち自然対数である．この場合，a に対応する V, b に対応する $2V$ とも正なので，絶対値記号は外せる．

$$S = k_\mathrm{B}\ln W' \tag{9.7}$$

ここで，W' は系の微視的な状態の数である．この式は**ボルツマンの関係式**（Boltzmann formula）[5]とも呼ばれ，「マクロな性質であるエントロピーと分子レベルのミクロ性質である W' を結びつける重要な関係」である．

上に述べた理想気体の自由膨張にともなうエントロピー変化 ΔS について，統計論的定義式(9.7)が熱力学的定義式(9.1)から得られた結果である式(9.6)と一致することを示そう．

1個の気体分子が体積 V の容器内にあるとき，微視的な状態の数 W_1' は V に比例する．式(7.20)で示したように，分子の並進の分配関数は V に比例しており，分子の分配関数は微視的な状態の数と関係している．比例係数を a_1 とすると

$$W_1' = a_1 V \tag{9.8}$$

となる．この容器のなかに同種の気体分子が N 個ある場合，理想気体ならば N 個の分子を独立に扱えるので，N 個の分子全体の微視的な状態の数 W_N' は W_1' の積，すなわち V^N に比例する．この比例係数を a_N とすると[6]

$$W_N' = a_N V^N \tag{9.9}$$

と書けるので，体積 V と $2V$ の状態のエントロピーの差 ΔS は

$$\begin{aligned}\Delta S &= k_\mathrm{B}\ln\{a_N(2V)^N\} - k_\mathrm{B}\ln(a_N V^N)\\ &= k_\mathrm{B} N\ln 2 = nR\ln 2\end{aligned} \tag{9.10}$$

となる．

この結果は，熱力学によるエントロピーの定義から計算した式(9.6)の結果と一致する．すなわち，エントロピーの統計的定義式(9.7)は熱力学的定義式(9.1)と等価である．

9.1.3 熱力学第三法則と標準エントロピー

エントロピーの熱力学的な定義である式(9.1)を用いれば，その変化量を求めることはできるが，絶対値は決まらない．**熱力学第三法則**（the third law of thermodynamics）は，物質のエントロピー

---

[5] ボルツマン（L. Boltzmann）はウィーン大学を卒業し，ウィーン大学の教授となった．ウィーン大学の校庭に漆黒の石像がある．ウィーンの中央墓地にある墓石にはこの式(9.7)だけが刻まれている．

[6] N 個の同種の気体分子は区別できないので $a_N = (a_1)^N/N!$ である．

の絶対値を決定するのに必要な基準を与えてくれる．熱力学第三法則によると，

「絶対零度において
　純粋な物質の完全結晶のエントロピーは $S = 0$ である」

これを基準にすれば，任意の温度における物質のエントロピーを決定することが可能になる．統計論的な視点から見れば，熱力学第三法則は当然の結果であろう．$T = 0\,\mathrm{K}$ では，原子の運動は静止して熱的な無秩序さはなくなる．純粋な物質の完全結晶では，原子が決められた位置に止まっているので空間的な無秩序さ（すなわち微視的状態）は一つしかない．これは式(9.7)において $W' = 1$ で，$S = 0$ を意味する[7]．

ある物質の任意の温度におけるエントロピーを求めるには，物質を絶対零度から徐々に加熱してその温度に達するまで Q/T の値を積分すればよい．圧力一定の条件であれば，加熱によって物質に移動する熱 Q はエンタルピー変化 $\Delta H\,(= C_P \Delta T)$ によって与えられる．したがって，ある温度 T_1 における物質のエントロピーは，式(9.1)より，

$$S(T_1) = \int_0^{T_1} \frac{C_P \mathrm{d}T}{T} \tag{9.11}$$

で計算される．また，加熱の過程で融解や蒸発など物質の相転移が生じる場合は，式(9.11)に転移によるエントロピー変化を足し合わせなければならない．これは，転移によるエンタルピー変化を転移温度で割ったものに等しい．

$$\Delta S_{転移} = \frac{\Delta H_{転移}}{T_{転移}} \tag{9.12}$$

図9.6に物質のエントロピーと温度の関係を模式的に表した．標準状態における物質のエントロピーを上記の方法で計算したものを，**標準エントロピー**（standard entropy）と呼んでいる．参考として，代表的な化合物の標準エントロピー（$S°$）を表9.1にまとめた．

[7] 熱力学第三法則は絶対零度よりも低い温度はありえないことも示している．

表9.1 標準エントロピー

化合物	標準エントロピー $S°$ (298 K) ($\mathrm{J\,K^{-1}\,mol^{-1}}$)
$H_2(g)$*	130.68
$N_2(g)$	191.61
$O_2(g)$	205.14
$CO_2(g)$	213.80
$H_2O(g)$	188.83
$NH_3(g)$	192.45
$H_2O(l)$	69.91
$CH_3OH(l)$	126.8
C（ダイヤモンド）	2.377
C（グラファイト）	5.740
$Fe(s)$	27.15
$Fe_2O_3(s)$	87.40

*(g)，(l)，(s) はそれぞれ気体，液体，固体を表す．

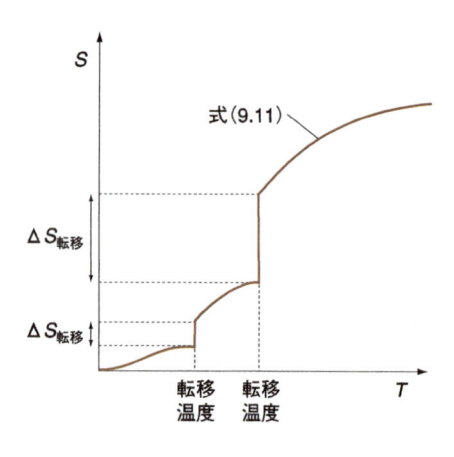

図 9.6 物質のエントロピーと温度の関係

9.2 カルノーサイクル

1824年にカルノー（N. Carnot）は，熱から仕事への最高の変換効率を与える理想的な熱機関として，**カルノーサイクル**（Carnot cycle）を提唱した．図 9.7 にカルノーサイクルの概念図を示す．この理想的な熱機関は，温度差のある二つの熱源と作業物質の間で熱のやりとりをしながら動作し，次の四つの可逆過程で一つのサイクルをなす．

N. N. L. S. Carnot（1796〜1832）フランスの物理学者．

① 高温熱源をシリンダーに接触させ，作業物質を一定温度に保ちながら，ゆっくりと膨張させる（**等温可逆膨張**，isothermal reversible expansion）．この間，高温熱源から作業物資へ熱 Q_h（>0）が移動する．

② シリンダーを断熱し，作業物質をゆっくりと膨張させる（**断熱可逆膨張**，adiabatic reversible expansion）．この間，作業物質の温度は低下し，最終的に低温熱源と等しくなる．

③ 低温熱源をシリンダーに接触させ，作業物質の温度を一定に保ちながら，ゆっくりと圧縮する（**等温可逆圧縮**，isothermal reversible compression）．この間，作業物質から低温熱源へ熱 Q_c（<0）が移動する．

④ シリンダーを断熱し，作業物質をゆっくりと圧縮する（**断熱可逆圧縮**，adiabatic reversible compression）．この間，作業物質の温度は上昇し，最終的に高温熱源と等しくなる．

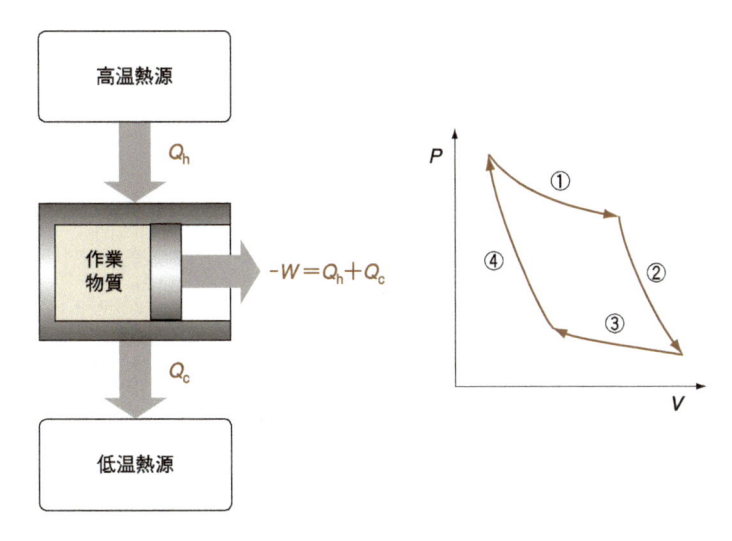

図 9.7　カルノーサイクル
①等温膨張，②断熱膨張，③等温圧縮，④断熱圧縮．

　作業物質を系とみなすと，サイクルが一周すると系は元の状態にもどっているので，内部エネルギーは変化しない（$\Delta U = 0$）．したがって，カルノーサイクルによって外界へとりだした仕事 $-W$ は熱力学第一法則より，$-W = Q_h + Q_c$ である．また，熱から仕事への変換効率は，（外界へとりだした仕事）／（高温熱源から吸収した熱）で与えられるので，

$$\eta = \frac{-W}{Q_h} = 1 + \frac{Q_c}{Q_h} \tag{9.13}$$

となる[8]．カルノーサイクルでは，変換効率が作業物質の種類とは無関係で，熱源の温度のみに依存することが導かれる．すなわち，

$$\eta_{カルノー} = 1 - \frac{T_c}{T_h} \tag{9.14}$$

で表される．$\eta_{カルノー}$ はカルノー効率といい，熱から仕事への変換効率の理論的限界値を与える．カルノーサイクルは可逆過程のみで構成されており一切の無駄がないが，実在の熱機関ではピストンの摩擦や作業物質内の温度のむらなどに起因する不可逆的な変化を含むため，その変換効率はつねにカルノーサイクルより小さくなる[9]．

[8] $Q_c < 0$, $Q_h > 0$ なので，$\eta < 1$ であることに注意．

[9] 一般的なガソリンエンジンの熱から仕事への変換効率（熱効率）は，20〜30％程度である．

ここでカルノーサイクルと熱力学第二法則の関連について言及しておく．Q/T をカルノーサイクルに沿って足し合わせると，

$$\sum_{サイクル} \frac{Q}{T} = 0 \tag{9.15}$$

という結果が得られる．また，サイクルのなかに不可逆的な変化が含まれる場合，式(9.15)の値は必ず負になることも導かれる．これらの結果は，エントロピーが状態量として定義できることや，クラウジウスの不等式が成立することを示唆している．つまり，カルノーの考察は熱力学第二法則を先取りするものであった．しかし，彼の卓越した研究は，1850年代にトムソンらによって熱力学第二法則として確立されるまで，日の目を見ることはなかった．

章末問題

1. 熱力学第二法則とエントロピーの関係について説明せよ．

2. 圧力 1 bar のもとで 1 モルの水を 10℃ から 40℃ までゆっくり加熱した．水のエントロピー変化 (ΔS) を求めよ．ただし，水のモル定圧熱容量は 75.3 J K^{-1} mol^{-1} である．

3. 表9.1のデータを用いて，298 K，1 bar における水素の燃焼反応 $H_2(g) + (1/2) O_2(g) \rightarrow H_2O(l)$ のエントロピー変化 (ΔS) を計算せよ．

4. 第3問の反応において，標準反応エンタルピーは $\Delta H_r^\circ (298\text{ K}) = -285.83$ kJ/mol である．この反応は自発的に進むか？

5. 300℃ の熱源と 25℃ の熱源の間で動作する熱機関がある．熱から仕事への変換効率は最大でいくらか．

Column 鉄の酸化反応 ――使い捨てカイロ――

鉄と空気中の酸素との酸化反応は，

$$4Fe(s) + 3O_2(g) \rightarrow 2Fe_2O_3(s)$$

で表される．この反応の ΔH は，25 ℃で鉄 4 モルあたり $-1648.4\,kJ$ である．すなわち，ΔH が負なので発熱反応である．この反応熱を利用するのが"使い捨てカイロ"である．1 モル（56 g）の鉄粉が入っていたとすると，そこから 412.1 kJ の熱量が得られることになる．

封を切る前は空気が入らないようにしてあり，持続時間を長くするため鉄粉は不織布の袋に入れられて，酸素の流入が調節されている．また，鉄粉を約 50 μm の微粉末にして，酸化反応を効率よく起こすために表面積を大きくしてある．

湿った空気や水に濡れると鉄は酸化しやすい．塩水だともっと酸化しやすいことは経験的にわかることであろう．使い捨てカイロでも，保水剤とともに食塩水を活性炭に浸み込ませている．鉄粉と食塩水が適当な速さで混ざることによって温度が調節できる．

鉄粉と食塩水を混ぜて熱をだすしくみは，明治時代にすでに基本特許があった．そのため，1978 年「ホカロン」という商品名で最初に商品化された使い捨てカイロは，ロッテ電子工業の特許とはならなかった．

さて，この反応は自発的に進行することが知られているが，このときエントロピーはどのように変化しているだろうか？　反応系と生成系の各化合物の標準エントロピー（表 9.1）を用いると，反応によるエントロピー変化は次のように求まる．

$$\begin{aligned}\Delta S &= \sum_{生成系} S° - \sum_{反応系} S° \\ &= 2 \times 87.40 - \{4 \times 27.15 + 3 \times 205.14\} \\ &= -549.22\,JK^{-1}\end{aligned}$$

このように鉄の酸化自体のエントロピーは減少する．しかし，4 モルの鉄は酸化によって外界に 1648.4 kJ の熱を放出しているので，外界のエントロピー変化 $\Delta S_{thermal}$ は

$$\begin{aligned}\Delta S_{thermal} &= \Delta H/T \\ &= 1648400/298.15 = 5528.8\,JK^{-1}\end{aligned}$$

となり，大きく増大する．そのため，系と外界を含めた全エントロピー変化は正となり，鉄の酸化反応は自発的に進行するのである．

また，酸化カルシウム（生石灰）が水と反応して水酸化カルシウム（消石灰）を生成するときの熱を利用しているのが"駅弁を温めるしくみ"である．これは

$$CaO + H_2O \rightarrow Ca(OH)_2$$

で表される反応で，酸化カルシウム 1 モル（56.1 g）あたり 65.2 kJ の熱を発生する．ヒモを引くと袋が破れて，水が酸化カルシウムに浸入するようになっている．

10 物質の自由エネルギーと化学平衡

> 前章で説明したように，自発変化でエントロピーが増大するという基準は孤立系についてだけ成立するものであった．そのため，いろいろな過程が自発的であるかどうかを判定するためには，（宇宙全体を孤立系と考えて）系のエントロピー変化（ΔS）と周囲の熱的エントロピー変化（$\Delta S_{thermal}$）を合わせた全エントロピー変化（ΔS_{total}）を考えなければならない．本章では実際的に，孤立していない系について自発過程の方向を判定するための新たな状態関数を導入することについて説明する．

KEY CONCEPT
- ギブズ自由エネルギー
- ヘルムホルツ自由エネルギー
- 自発過程の方向
- 化学平衡
- 平衡定数

10.1 ギブズ自由エネルギー

10.1.1 自由エネルギー変化と自発過程の方向

定温・定圧条件での変化を考える[1]．熱力学第一法則 $\Delta U = Q + W$ における仕事を P–V 仕事（$W = -P\Delta V$）として，これにクラウジウスの不等式(9.2)を導入すると次式を得る．

$$\Delta U \leq T\Delta S - P\Delta V \tag{10.1}$$

この式は T と P が一定という条件から次のように書ける．

$$\Delta(U - TS + PV) \leq 0 \quad \text{すなわち} \quad \Delta(H - TS) \leq 0 \tag{10.2}$$

ここで，新しい熱力学状態関数として $G = H - TS$ で定義される**ギブズ自由エネルギー**（Gibbs free energy）G を導入すると

[1] 実際には，大気圧下での現象を調べたり，大気圧下で起きる現象を取り扱う場合が圧倒的に多いので，ここでは（定容条件ではなく）定圧条件での説明を中心におこなう．

$$\Delta G \leq 0 \quad \text{すなわち} \quad \Delta H - T\Delta S \leq 0 \tag{10.3}$$

を得る.この式は,温度と圧力が一定のとき,自発過程ではギブズ自由エネルギーは減少することを表している.

また,$\Delta S_{\text{total}} = \Delta S + \Delta S_{\text{thermal}}$ であり,$\Delta S_{\text{thermal}} = -\Delta H/T$ を代入すると,$-(\Delta H - T\Delta S) = T\Delta S_{\text{total}}$ すなわち $-\Delta G = T\Delta S_{\text{total}}$ となるので,全エントロピーの増大は自由エネルギーの減少に対応している.以上の結論をまとめると,次のようになる.

1) $\Delta G < 0$ のとき($\Delta S_{\text{total}} > 0$ に対応していて),過程は自発的に進行する.
2) $\Delta G > 0$ のとき($\Delta S_{\text{total}} < 0$ に対応していて),逆過程が自発的に進行する.
3) $\Delta G = 0$ のとき($\Delta S_{\text{total}} = 0$ に対応していて),過程は可逆的に進行するか,または平衡状態にある.

例として,コラムで述べた鉄の酸化反応について考察すると,$\Delta S_{\text{total}} > 0$ すなわち $\Delta G < 0$ となっており,この反応が自発的に進行することがわかる.

一方,定温・定容の条件での変化は同様に新しい熱力学状態関数として,

$$F = U - TS \tag{10.4}$$

を定義することとなる.この熱力学量 F は**ヘルムホルツ自由エネルギー**(Helmholtz free energy)と呼ばれ,定温・定圧条件でのギブズ自由エネルギーの式(10.3)に相当する

$$\Delta F \leq 0 \quad \text{すなわち} \quad \Delta U - T\Delta S \leq 0 \tag{10.5}$$

を得る.つまり,定温・定容の条件での自発的な変化の方向はヘルムホルツ自由エネルギー変化によって決定される.

このように,ギブズ自由エネルギー変化は定温・定圧の条件で,ヘルムホルツ自由エネルギーは定温・定容の条件で,それぞれの自発変化の方向を決定する.

ギブズ自由エネルギーの応用について簡単な例を示そう.圧力 1 bar のもとで氷を加熱すると,約 273 K(融点)で氷は液体の水へ

自発的に融解する．このとき，水のギブズ自由エネルギーは**図 10.1**のように変化する．温度が 273 K（融点）よりも低いときは，液体の水より氷のほうが G の値が小さい．したがって，氷から液体への変化では $\Delta G > 0$ であり，逆の変化では $\Delta G < 0$ となる．よって，273 K 以下では液体の水は自発的に氷へと凝固するのに対し，逆に氷が自然に融解するようなことはない．しかし，温度が上昇するにつれて両者のギブズ自由エネルギーは変化し，273 K で大小関係が逆転する．すると，今度は氷より液体の水のほうが G の値が小さいので，氷の自発的な融解が起きるようになる．

さらに，ギブズ自由エネルギーは次のような意味をもっている．それは，==ΔG の減少は定温・定圧（T, P が一定）の条件での可逆過程で得られる最大の非 P–V 仕事（有用な仕事）に等しいということである．==すなわち

$$-\Delta G = -W_{\max} \tag{10.6}$$

である．この根拠を以下に説明する．

エンタルピー変化は $\Delta H = \Delta U + \Delta(PV) = \Delta U + P\Delta V + V\Delta P$ と表される．ここで，定圧という条件から第三項は $V\Delta P = 0$ となる．一方，熱力学第一法則によると，可逆変化について，系に入る熱量と仕事をそれぞれ Q_{rev}, W_{rev} とするとき，$\Delta U = Q_{\text{rev}} + W_{\text{rev}}$ と書ける．また，可逆変化のときエントロピーの定義は $\Delta S = Q_{\text{rev}}/T$ であるから $\Delta U = T\Delta S + W_{\text{rev}}$ となる．すなわち，次式のようになる．

$$\begin{aligned}\Delta G &= \Delta H - T\Delta S \\ &= (\Delta U + P\Delta V) - T\Delta S \\ &= (T\Delta S + W_{\text{rev}} + P\Delta V) - T\Delta S\end{aligned}$$

ゆえに

$$-\Delta G = -W_{\text{rev}} - P\Delta V = -W_{\max} \tag{10.7}$$

ここで，$-W_{\text{rev}}$ は可逆変化において系がすることのできる全仕事で，$P\Delta V$ はそのうち系の膨張や収縮による P–V 仕事である．つまり，$-\Delta G$ は可逆変化による系の全仕事から P–V 仕事を差し引いた残りということになる[2]．いま，変化の過程は可逆であるから，

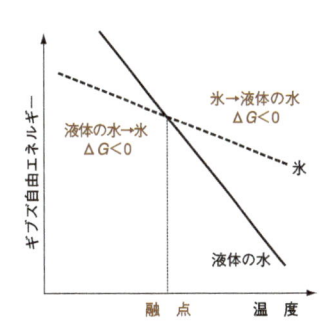

図 10.1 液体の水と氷のギブズ自由エネルギー

[2] 8 章において，理想気体の場合では，仕事として P–V 仕事だけを考えればよかった．しかし対象を液体や固体まで広げると P–V 仕事だけでなく，たとえば液体では表面張力による仕事や電池から電気をとりだす電気的仕事を考えなければならない場合がある．

系がする仕事は最大値を与える．不可逆変化であれば，得られる仕事はこれより小さくなる．したがって，この残りの仕事は系がする最大の非 P–V 仕事となる．一定の圧力（大気圧）のもとでの物質の変化では P–V 仕事による $P\Delta V$ の項は有用な仕事として利用できないものである．このようにして，式(10.6)が求まる．

化学反応におけるギブズ自由エネルギー変化は，$\Delta G = G_{生成系} - G_{原系}$ で与えられる．もし，$\Delta G < 0$ ならば反応は自発的に進行して仕事をおこなう．逆に，$\Delta G > 0$ ならば反応は自発的に起こることはなく，反応を起こさせるためには系に仕事（エネルギー）を加えなければならない．また，$\Delta G = 0$ のときが，化学平衡状態が成立する条件となる．

例として，簡単な電気化学的反応を考えよう．水素燃料電池[3]は，二つの電極上で水素と酸素を別べつに反応させて電気エネルギーを得ている．正味の反応は次のような水素の燃焼反応として表される．

$$H_2(g) + \frac{1}{2} O_2(g) \rightarrow H_2O(l) \tag{10.8}$$

ここで，この反応の標準状態（298 K，1 bar）におけるギブズ自由エネルギー変化 $\Delta_r G°$（標準反応ギブズエネルギーという）は，標準反応エンタルピー $\Delta_r H°$（$= -285.83$ kJ/mol）と標準反応エントロピー $\Delta_r S°$（$H_2 : S° = 130.68$ J K^{-1}mol^{-1}，$O_2 : S° = 205.15$ J K^{-1}mol^{-1}，$H_2O : S° = 69.95$ J K^{-1}mol^{-1}）を用いて次のように計算される．

$$\begin{aligned}\Delta_r G° &= \Delta_r H° - T\Delta_r S° \\ &= -285.83 - 298 \times |69.95 - (205.15/2) - 130.68| \times 10^{-3} \\ &= -237.1 \text{ kJ/mol}\end{aligned} \tag{10.9}$$

$\Delta G < 0$ であるから自発反応であり，可逆的な場合では最大で 237.1 kJ/mol の P–V 仕事以外の有用な仕事が得られることを意味する．つまり，これが水素燃料電池から得られる電気エネルギーの最大値である．実際の電池で得られる電気エネルギーは，電池自体の抵抗や電極表面の分極などの影響によって，この理論値よりもずっと小さくなる．

[3] 走行時に温室効果ガスや環境汚染ガスを排出しない水素燃料電池車が注目されている．

10.1.2 ギブズ自由エネルギーの圧力依存性

エントロピーの熱力学定義より $Q = T\Delta S$ と書けるので，これを熱力学第一法則に適用すると

$$\Delta U = T\Delta S - P\Delta V \tag{10.10}$$

となる．ここで，エンタルピー変化（$\Delta H = \Delta U + P\Delta V + V\Delta P$）とギブズ自由エネルギー変化（$\Delta G = \Delta H - T\Delta S - S\Delta T$）から

$$\Delta G = V\Delta P - S\Delta T \tag{10.11}$$

という関係式を得る．等温条件なので $\Delta T = 0$ とすると，この式は，

$$\Delta G = V\Delta P \tag{10.12}$$

となる．これはギブズ自由エネルギーの圧力依存性を与える式である．すなわち，温度を一定に保ちながら系を加圧した場合，ギブズ自由エネルギーの変化量 ΔG は系の体積に比例する．いいかえると，系の体積が大きいほど G の圧力依存性も大きい．とくに気体については自由エネルギーの圧力依存性が大きく，重要である．

理想気体では P と V は $PV = nRT$ で関係づけられるので，式(10.12)を用いると温度一定で圧力が P_1 から P_2 まで変化するときの自由エネルギー変化を表す式が得られる．すなわち，

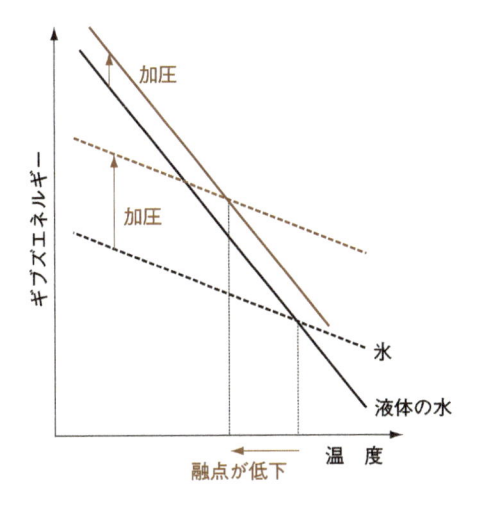

図 10.2 圧力による水の融点の変化

$$G_2 - G_1 = \int_{P_1}^{P_2} V\mathrm{d}P$$
$$= nRT\int_{P_1}^{P_2}\frac{\mathrm{d}P}{P} = nRT\ln\left(\frac{P_2}{P_1}\right) \quad (10.13)$$

4) 積分の方法は，9章の注4を参照．

となる[4]．ここで，状態1を標準状態（298 K，1 bar）とする．つまり，$P_1 = 1$ bar で，標準状態の自由エネルギー G_1 を $G°$ として，状態2を任意の状態の圧力 P，ギブズ自由エネルギー G_2 を G とすると，式(10.13)は1モルについて次の式を得る．

$$G - G° = RT\ln P \quad \text{あるいは} \quad G = G° + RT\ln P \quad (10.14)$$

先に述べた氷の融点について圧力の効果を考えてみよう．氷は，液体の水に浮くことからも明らかなように，液体の水よりも密度が小さい．すなわち，単位物質量あたりの氷の体積は液体の水の体積よりも大きい．したがって，圧力を加えたときの G の変化は，氷のほうが大きいことになる．このとき，図10.2に示すように水の融点は低下する．つまり，氷を加圧すると融解する傾向がある[5]．

5) アイススケートが氷の上で滑ることができる理由の一つとして，スケートシューズの刃先で加圧された氷が融解することが考えられる．

10.2　自由エネルギーと化学平衡

前節で，状態変化において $\Delta G = 0$ であることが平衡状態の条件であることを説明した．ここで簡単な例として，次のような気体Aと気体Bが平衡状態にある場合を考える（図10.3）．

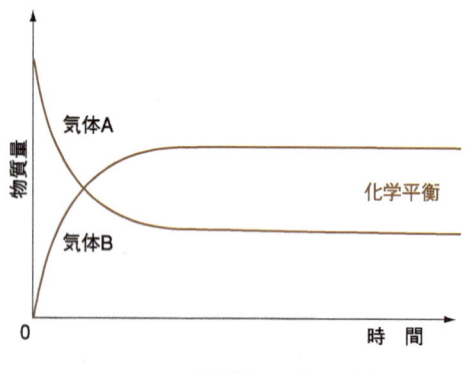

図 10.3　化学反応と化学平衡

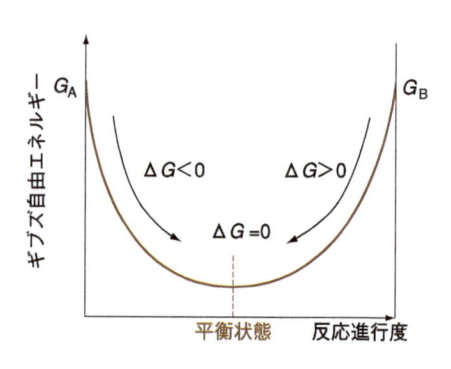

図 10.4　反応進行度とギブズ自由エネルギー

$$A \rightleftarrows B \qquad (10.15)$$

このとき,反応の進行にともなうギブズ自由エネルギーの変化は図10.4のように表され,平衡状態で最小となり,$\Delta G = 0$ となる.

式(10.14)によると A の 1 モルあたりのギブズ自由エネルギーは $G_A = G_A° + RT \ln P_A$,B の 1 モルあたりのギブズ自由エネルギーは $G_B = G_B° + RT \ln P_B$ で表される.したがって,ギブズ自由エネルギー変化は

$$\begin{aligned} \Delta G &= G_B - G_A \\ &= G_B° - G_A° + RT \ln\left(\frac{P_B}{P_A}\right) \\ &= \Delta G° + RT \ln\left(\frac{P_B}{P_A}\right) \end{aligned} \qquad (10.16)$$

となる.ここで,平衡状態の条件 $\Delta G = 0$ を適用すると,式(10.16)から次式を得る.

$$\Delta G° = -RT \ln\left(\frac{P_B}{P_A}\right) \qquad (10.17)$$

ある温度で特定の平衡に対する $\Delta G°$ は一定であるから,式(10.17)の対数の真数 (P_B/P_A) は一定の値でなければならない.この定数を K と書いて,これを**平衡定数**(equilibrium constant)と呼ぶ.したがって,式(10.17)は次のようになる.

$$\Delta G° = -RT \ln K \qquad (10.18)$$

これは平衡定数を熱力学的性質と関係づける式で,熱力学における重要な関係である.

具体的な例として,アンモニアの合成反応をとりあげよう.

$$N_2(g) + 3H_2(g) \rightleftarrows 2NH_3(g) \qquad (10.19)$$

全圧が 1 bar の条件で,1 モルの N_2 と 1 モルの H_2 の初期状態で反応をさせたとき,N_2 について α モル反応して平衡状態に到達したとする.このとき全体の物質量は $2(1 - \alpha)$ モルとなり,物質収支は次のようになる.

6) 次のような化学反応
$$aA + bB \rightleftarrows cC + dD$$
において，平衡状態における各物質の分圧を P_A, P_B, P_C, P_D とおくと，平衡定数は

$$K = \frac{P_C^c P_D^d}{P_A^a P_B^b}$$

で表される．したがって，式(10.19)の反応における平衡定数は

$$K = \frac{P_{NH_3}^2}{P_{N_2} P_{H_2}^3}$$

となる．

	N_2	$+$	$3H_2$	$\rightleftarrows$	$2NH_3$
初期状態(モル)	1		1		0
平衡状態(モル)	$1-\alpha$		$1-3\alpha$		2α
分圧(bar)	$1/2(1-\alpha)$		$(1-3\alpha)/2(1-\alpha)$		$\alpha/(1-\alpha)$

また，標準反応ギブズエネルギーは $\Delta_r G° = -32.9$ kJ/mol となる．これらの値を式(10.18)に代入すると次式を得る[6]．

$$32.9 \text{ kJ/mol} = RT \ln\left\{\frac{16\alpha^2(1-\alpha)}{(1-3\alpha)^3}\right\}$$

したがって，温度 298 K では，

$$\alpha = 0.33 \quad (10.20)$$

となる．この結果から，平衡状態でのそれぞれの分圧は $P_{N_2} = 0.5$ bar, $P_{H_2} = 0.01$ bar, $P_{NH_3} = 0.49$ bar となって H_2 はほとんど反応していることがわかる．また，反応の標準エンタルピー変化は負（$\Delta H° = -92.2$ kJ/mol）なので，温度の増加とともに平衡は左へ移行する．一方，圧力を上げると圧力を緩和するようにモル数が減少する右方向に平衡は移動して新しい平衡に到達する．このように平衡状態にある系について，温度や圧力という外部変数を変えたとき，その変化を緩和する方向に平衡が移動する．これが**ルシャトリエの原理**（Le Chaterier's principle）である．

平衡定数は温度によってどのように変化するだろうか？ 標準反応ギブズエネルギーは $\Delta_r G° = \Delta_r H° - T\Delta_r S°$ と表されるので，これを用いて式(10.18)に代入して変形すると，

$$\left(\frac{\partial \ln K}{\partial \frac{1}{T}}\right)_P = \frac{-\Delta_r H°}{R} \quad (10.21)$$

を得る．この式は，**ファントホッフの式**（van't Hoff equation）と呼ばれ，平衡定数の温度依存性から標準反応エンタルピーを見積もるために用いる重要な関係式である．式(10.21)より，平衡定数の自然対数 $\ln K$ を温度の逆数 $1/T$ に対してプロットすると直線になると予想され，その傾き $-\Delta_r H°/R$ から標準反応エンタルピーを求

H. L. le Chatelier（1850-1936）フランスの化学者．

めることができる．このプロットはファントホッププロットと呼ばれている．図10.5はアンモニア合成反応式(10.19)の平衡定数について，実際にファンホッププロットをおこなった結果である．直線の傾きから，標準反応エンタルピーとして $\Delta_r H^\circ = -92.2$ kJ/mol を得る．

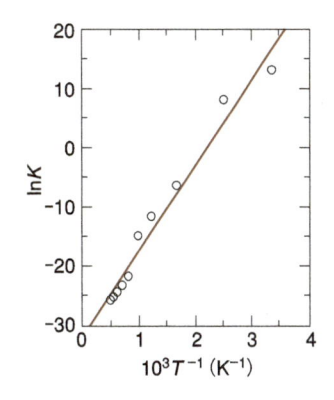

図10.5 アンモニア合成反応の平衡定数に対するファントホッププロット

章末問題

1. メタノールの燃焼反応
   $$\mathrm{CH_3OH(l) + (3/2)O_2(g) \rightarrow CO_2(g) + 2H_2O(l)}$$
   の298 Kにおける標準エンタルピー変化は -726 kJ/mol である．この反応から得られる非 P–V 仕事は最大でいくらか．表9.1のデータを用いて求めよ．

2. ダイヤモンドとグラファイト（黒鉛）の密度はそれぞれ 3513 kg/m^3 と 2260 kg/m^3 である．グラファイトからダイヤモンドを人工的に合成するにはなぜ加圧する必要があるのか説明せよ．

3. 298 Kにおけるアンモニア生成反応〔$1/2\,\mathrm{N_2(g)} + 3/2\,\mathrm{H_2(g)} \rightleftarrows \mathrm{NH_3(g)}$〕の標準ギブズ自由エネルギー変化と平衡定数を求めよ．

4. 第三問の反応において，より多くのアンモニアを得るにはどうすればよいか．

5. 次の化学反応 $\mathrm{HBr(g)} \rightleftarrows (1/2)\mathrm{H_2(g)} + (1/2)\mathrm{Br_2(g)}$ の平衡定数を測定したところ下表のようになった．この反応の標準反応エンタルピーを求めよ．

表　平衡定数の温度変化

温度 (K)	298	400	600	1000
平衡定数	3.75×10^{-10}	6.90×10^{-8}	1.18×10^{-4}	7.81×10^{-4}

Column　"ナイロン(Nylon)"の真意

　ナイロンは，アメリカ　デュポン社のカローザス（W. H. Carothers）によって合成されたポリアミドの合成繊維である．1935年にアメリカ特許となり，「クモの糸よりも細く，鋼鉄よりも強い」というキャッチフレーズとともに1938年に発表，商品化され，次の年には生産が開始された．

　戦前のことである．アメリカは当時，日本の絹をうらやましく思っていた．ナイロンは，絹を目標にしてつくられた合成繊維なのである．そのような背景のなかで，その名前の由来についてはいろいろな説がある．

　西日本新聞の1986年1月13日の記事には次のような記述がある．──ナイロンの語源は農林？　昭和13（1938）年10月，アメリカのデュポン社がナイロンの商品化に成功したと発表した．ところが翌年早々，桜内幸雄農相が大臣室に新聞記者を集め，スパイを通じて入手したナイロンを示しながら「ナイロンという名称は農林省の農林をひっくり返したもので，農林省をでんぐり返してやるというアメリカの意志の表れ」と語った．ナイロンは英語で書くとNYLONだが，アメリカは本当はNIRONとしたかった．これを逆から読むとノーリン＝農林となるが，それでは露骨すぎるというのでNYLONにしたというのである．農相の"真相"説明によると，日本の絹は世界市場を支配しているが，アメリカはこれを目の敵にし，産業の育成を指導する農林省をにくんでいる．デュポン社が開発した化学繊維は「肌ざわりは絹そっくりで，耐久性は絹の2，3倍」といわれる夢の繊維．これで日本の優位をひっくり返すという意志をこめて，こう命名したというわけである．

　一方，1998年7月12日（日曜日）の朝日新聞日曜版「100人の20世紀」の冒頭にはこう書かれている．──1930年代，アメリカの化学メーカー「デュポン」が新製品の名前を社内で募り，「ナイロン」に決まった．「ノー・ラン（伝染しない）」にちなんだ命名だった．絹大国，日本は「戦争より恐ろしいナイロンの出現」と身構えた．世界初の合成繊維は，ストッキングからパラシュートにまで使われることになる．しかし発明者のカローザスは，その隆盛を見ることなく青酸カリをあおって自殺した．ナイロンが発表される1年半前のことだった．ここで，「伝染」というのはもちろんストッキングのほころびのことである．

　次のような説もある．すなわち，Nylonは"Now You Look Out, Nippon"の頭字語（acronym）であるという．この記述が当時のオックスフォード辞典に載っていたというのである．以前の独和辞典にもこの記述があり，現在でも『CD-ビジネス技術実用英語大辞典　第4版（日外アソシエーツ）』にこの記述がある．これは「日本よ，さあ見よ」あるいは「さあ日本よ，今度はお前が気をつける番だぞ」という意味なのだろうか．

　またその他にも，ニューヨーク（NY）とロンドン（LON）の頭文字をとったという説や，ニヒルで有名だったカローザスのニックネーム"ニル（NYL）"とデュポン社（dupON）を組み合わせたという説も存在する．

　1976年版のオックスフォード辞典では，-ONという接尾語がcottonやrayonから連想された造語であると書かれているだけである．

　さて，どの説が本当なのだろうか？

11 化学反応の速度

> 化学とは文字どおり，物質が別の物質に「化ける」ことを扱う学問であり，化学反応はその中心的なテーマである．10章では化学反応がどこまで進んで化学平衡に達するかを学んだが，どれだけ速く平衡に達するかは，化学反応の速さによって決まる．序章で例にあげたように，常温常圧でエネルギー的にはグラファイトより不安定なダイヤモンドが，グラファイトに変化しないのも，この反応の速度が非常に遅いためである．したがって自然界や生体内で起こる化学反応を調べたり，工業的に化学反応を利用したりするには，化学反応の速度についての理解が重要になる．本章では，そのための基礎的な事項を学ぶ．

KEY CONCEPT
- 反応速度
- 素反応
- 複合反応
- 反応速度定数
- 反応次数
- 一次反応
- 二次反応
- 半減期

11.1 反応速度

簡単な化学反応の例として，水素分子 H_2 が酸素分子 O_2 と反応して，水分子 H_2O を生成する反応について考えてみよう．反応の前後で各元素の原子の個数は変化しないので，2個の H_2 分子と1個の O_2 分子から，ちょうど2個の H_2O 分子が生じる．この変化を矢印で表して，次のように書いた式を**化学反応式**，または簡単に**反応式**（reaction formula）と呼ぶ．

$$2H_2 + O_2 \rightarrow 2H_2O \tag{11.1}$$

この反応の H_2 と O_2 のように，反応前の各物質を**反応物**（reactant) といい，H_2O のように反応後の各物質を**生成物**（product）という．反応物全体を反応系（または始原系，原系），生成物全体を生成系と呼ぶこともある．反応式は左辺に反応系，右辺に生成系を書いて，矢印は右向きに書く．H_2 と H_2O の係数 2 や O_2 の係数 1 は，反応系と生成系で原子数がつりあう量的な関係を表し，**化学量論係数**（stoichiometric coefficient）と呼ばれる．式(11.1)の反応では，H_2 と O_2 と H_2O の化学量論係数が 2：1：2 の比であれば，反応の前後の原子数は同数に保たれる．通常はもっとも小さい整数比で書く[1]．

以下では，特定の物質の反応に限らず一般的な反応式を表すために，反応物を A と B，生成物を P と Q とし，A，B，P，Q の化学量論係数をそれぞれ a, b, p, q として，次のように表す[2]．

$$a\mathrm{A} + b\mathrm{B} \rightarrow p\mathrm{P} + q\mathrm{Q} \qquad (11.2)$$

式(11.2)の化学反応の速さは，反応物 A または B の濃度の時間あたりの減少量で考えることもできるし，生成物 P または Q の濃度の時間あたりの増加量で考えることもできる（図 11.1）．時間とともに変化する反応物や生成物の濃度を [A]，[B]，[P]，[Q] と表すことにしよう[3]．反応の速さは，時間あたりの濃度変化なので，時間 Δt の間に物質 A の濃度が $\Delta[\mathrm{A}]$ だけ変化すれば，この間に起きた反応の速さの平均は $\Delta[\mathrm{A}]/\Delta t$ になる．時々刻々と変化する反応の速さを扱うには，$\Delta[\mathrm{A}]/\Delta t$ の $\Delta t \rightarrow 0$ の極限，すなわち濃度の

---

[1] 通常の数式と同様，式(11.1)の O_2 のように化学量論係数が 1 となる場合は，係数を省略する．化学量論係数は単位をもたないが，熱化学方程式（8章参照）のように化学量論係数がモル単位の物質量を表す場合もある．このとき，たとえば式(8.15)のように H_2 が 1 モル消費される（または H_2O が 1 モル生成する）ことを強調すると，O_2 の化学量論係数は整数にならないので，分数を使って

$$\mathrm{H_2} + \frac{1}{2}\mathrm{O_2} \rightarrow \mathrm{H_2O}$$

と書く．

[2] 簡単のため，式(11.2)には反応前後の物質を二種類しか記していないが，任意の種類の物質が関与する，$a\mathrm{A} + b\mathrm{B} + c\mathrm{C} + \cdots \rightarrow p\mathrm{P} + q\mathrm{Q} + r\mathrm{R} + \cdots$ という一般的な反応式を表していると解釈してよい．本章以降も同様である．

[3] 時刻 t の関数であることを表すために，$[\mathrm{A}](t)$ や $[\mathrm{A}]_t$ のように書く場合もあるが，本書では簡単のため $[\mathrm{A}]$ のように書くことにする．

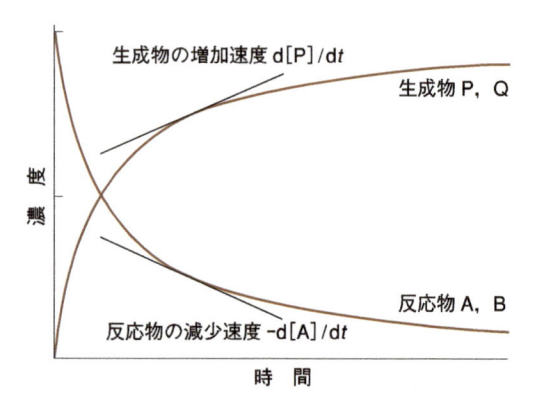

図 11.1　A + B → P + Q における反応物と生成物の濃度変化

時間微分 d[A]/dt で反応の速さを表すことになる．図 11.1 に示した接線がこれにあたる．

ただし，反応の速さを各物質の濃度変化そのもので表そうとすると，A が a モル減少したときに B は b モル減少し，P と Q はそれぞれ p モルと q モル増加する．このとき，すべての物質の化学量論係数が等しくない限り，注目する物質によって減少量や増加量の絶対値が異なり，一つの反応の速さを統一的に表すことができない．そこで次式のように各物質の時間あたりの変化量を化学量論係数で割り，これを**反応速度**（reaction rate）v と定義する．

$$v = -\frac{1}{a}\frac{d[A]}{dt} = -\frac{1}{b}\frac{d[B]}{dt} = \frac{1}{p}\frac{d[P]}{dt} = \frac{1}{q}\frac{d[Q]}{dt} \quad (11.3)$$

このように表した反応速度 v は，どの物質に注目しても同じ値になる．また，反応速度は正の量にとるので，反応物の濃度変化にはマイナスの符号がつく．

式(11.3)から明らかなように，反応速度 v の単位は［濃度］／［時間］になる．反応速度の濃度の単位には，慣用として，液相では mol/L（= mol/dm³），気相では molecule/cm³ を使うことが多い[4]．

11.2 素反応と複合反応

図 11.1 からわかるように，反応物や生成物の濃度変化の傾き，すなわち反応速度は時間に対して一定ではなく，次第に遅くなっていく．これは反応が進行して反応物の濃度が少なくなると，単位時間あたりに起こる反応の回数も少なくなり，反応速度が遅くなるためである．反応速度と反応物の濃度の関係は反応によって異なるので，その関係を知ることは化学反応の中心的な問題の一つである．このとき，式(11.2)のような反応式で表される化学反応が**素反応**（elementary reaction）なのか，**複合反応**（complex reaction）なのかを区別することが重要である．

素反応とは，反応式の化学量論係数の個数の分子が一度に出合って起こす反応である．たとえば，式(11.2)の化学量論係数がすべて 1 であるとしよう．

---

4) 気相は液相に比べて分子密度が低いため，反応物の衝突の頻度も小さく，6 章の分子衝突の扱いのように，標的分子 1 個あたりの衝突で考えると便利である．そのため気相の分子密度や反応速度には，原子や分子の個数を表す molecule を慣用的に物質量の単位のように使っている．
　たとえば 1 気圧，0 ℃ の理想気体では，1 モルの体積が 22.4 L なので，濃度は 4.5×10^{-2} mol/L となる．これにアボガドロ定数をかけ，体積の単位を cm³ に直せば，分子密度は 2.7×10^{19} molecule/cm³ となる．

$$A + B \rightarrow P + Q \tag{11.4}$$

が素反応であれば，この式は一分子のAと一分子のBが衝突して一分子のPと一分子のQが生じることを表している．このように素反応では，反応式の化学量論係数どおりの個数の分子が直接反応するので，6章で分子衝突について考えたのと同様に，反応速度が反応物の濃度の積に単純に比例する．そこで素反応については，反応物の化学量論係数の和を**反応分子数**（molecularity）と呼び，その値 n に応じて n 分子反応と呼んで，素反応を分類する．反応分子数が1の場合は，反応物Aが他の分子と出合わずに起こす

$$A \rightarrow 生成物 \tag{11.5}$$

のような反応で，**単分子反応**または**一分子反応**（unimolecular reaction）と呼び，反応速度は $[A]$ に比例する．反応分子数が2の場合は，式(11.4)の

$$A + B \rightarrow 生成物 \tag{11.6}$$

のような反応で，**二分子反応**（bimolecular reaction）と呼び，反応速度は $[A][B]$ に比例する．同様に反応分子数が3の場合は，

$$A + B + C \rightarrow 生成物 \tag{11.7}$$

のような反応で，**三分子反応**（termolecular reaction）と呼び，反応速度は $[A][B][C]$ に比例する[5]．

一方，複合反応とは，複数の素反応からなる反応である．たとえば式(11.4)が一段階で起こるのではなく，次の二つの素反応

$$A \rightarrow X + P \tag{11.8a}$$
$$X + B \rightarrow Q \tag{11.8b}$$

が起こった結果として，AとBからPとQを生成するような反応である．式(11.8a)と(11.8b)を足し合わせると，右辺と左辺の両方にあるXは消去できるので，反応全体については見かけ上の反応式として式(11.4)が得られる[6]．複合反応では，このXのように，全体の反応式には現れない**中間体**（intermediate）を生成する素反応が途中で起こっている．そのため，複合反応全体の反応速度は，

---

[5] 三分子が同時に衝突して，三分子とも結合が組みかわる素反応はまずなく，三次反応として重要な素反応は，$A + B + M \rightarrow AB + M$ のような再結合反応である．この場合Mは，AとBが安定に結合するために余剰エネルギーを奪う第三体として働いているだけで，反応には直接関与していない．そのため $[M]$ が一定なので，三次反応の速度式 $v = k[A][B][M]$ において $k' = k[M]$ を反応速度定数とみなして，実質的には $v = k'[A][B]$ の二次反応として扱える（擬二次反応）．

[6] 多数の素反応が起こり，何種類もの物質が関与するような複合反応では，素反応の反応式を足し合わせても，式(11.2)のような単純な反応式は得られない．そのような複合反応の単純な反応式は，注目している反応物と生成物の化学量論的な関係だけを表していることになる．

素反応のように，反応物の濃度の単純な積になるとは限らない．複合反応については 13 章で詳しく説明する．

11.3 反応速度定数と反応次数

前節で見たように，素反応であれば，反応速度 v は必ず反応物濃度の単純な積になる．

$$v = k\,[\mathrm{A}]^\alpha[\mathrm{B}]^\beta \tag{11.9}$$

ただし，素反応だけでなく複合反応でも式(11.9)のように，反応速度を反応物濃度のべき乗の積で表せる場合が多いことが経験的に知られている．こうした関係を**反応速度式**（rate equation，またはたんに**速度式**）と呼ぶ．比例定数 k は**反応速度定数**（reaction rate constant）と呼ばれ，時間にも反応物の濃度にも依存しない定数である．ただし 12 章で扱うように，反応速度定数は温度には強く依

Advanced　　　　安定な物質の複合反応

われわれは，身のまわりで起こっている化学反応が素反応か複合反応かを意識することはないが，常温常圧で安定な物質の間の反応は，まず素反応ではなく複合反応である．安定な物質どうしは常温常圧で直接，簡単には反応しないからこそ，安定な物質なのである．安定な物質間の反応の多くは，安定な反応物が反応性の高い物質に変化する素反応が最初に起こり，その反応性の高い物質によって多くの素反応が引き起こされて進む複合反応である．たとえば，式(11.1)の H_2 の燃焼反応にしても，H_2 と O_2 の混合気体を室温で放置しただけでは H_2O は生じない[*1]．この反応は，H_2 や O_2 が熱（その正体は高温で高い衝突エネルギーをもつ周囲の分子 M）や放電などによってエネルギーを得て，不対電子をもつ反応性の高い H 原子や O 原子，OH ラジカルを生成することで劇的に進む[*2]．H_2 の燃焼には多くの素反応が関与するが，おもなものだけを書くと次のようになる．

$$H_2 + M \rightarrow H + H + M$$
$$O_2 + M \rightarrow O + O + M$$
$$H + O_2 \rightarrow OH + O$$
$$O + H_2 \rightarrow OH + H$$
$$OH + H_2 \rightarrow H_2O + H$$

[*1] もし式(11.1)が素反応であるなら，H_2 の燃焼反応は，H_2 分子 2 個と O_2 分子 1 個とが同時に衝突し，3 本の結合が切れ，4 本の結合が生じることになる．しかし，通常の素反応では，これほど多数の共有結合が一度に切れたり生じたりはしない．ここに示した素反応はどれも，1 本の結合が切れ，別の結合が 1 本生じる反応である．

[*2] H_2 の燃焼に関係する素反応に現れる OH のように，不対電子をもつ分子は原子と同様に反応性が高く，原子と合わせてラジカルと呼ばれる．H_2 の燃焼の複合反応は，ラジカルがラジカルを生みだす素反応からなっているため，全体の反応は次つぎと引き続いて起こる．このような複合反応は連鎖反応と呼ばれ，14 章で取りあげる．

存する．

式(11.9)のべき乗の指数 α と β を**反応次数**（reaction order）と呼ぶ．この場合，反応次数は反応物 A について α 次，反応物 B について β 次である．各反応物の反応次数の和 $n = \alpha + \beta$ は反応全体の反応次数を表し，**全反応次数**（overall reaction order）と呼ぶ．

素反応か複合反応かにかかわらず，全反応次数が同じならば反応速度と反応物の濃度の関係は同じになるため，全反応次数は反応の分類に重要な意味をもつ．そのため，素反応だけでなく複合反応も，全反応次数 n の値に応じて，ゼロ次反応，一次反応，二次反応，…，n 次反応と呼ぶことができる．

ここで反応速度定数 k について重要な点は，その単位が全反応次数 n によって異なるということである．式(11.3)で定義したように，反応速度 v の単位は反応次数によらず［濃度］／［時間］であり，n 次反応の反応速度定数 k と濃度の n 乗の積が，［濃度］／［時間］になる．したがって，n 次反応の反応速度定数の単位は［濃度］$^{1-n}$／［時間］である．本章の後半で詳しく扱うが，一次反応だけは反応速度定数が反応物の濃度に依存しない．濃度の単位に mol/L を用いた場合と molecule/cm^3 を用いた場合について，反応速度定数の単位を**表 11.1** にまとめた．

表 11.1　全反応次数に応じた反応速度定数の単位

全反応次数			
0	1	2	3
mol L^{-1} s^{-1} molecule cm^{-3} s^{-1}	s^{-1}	L mol^{-1} s^{-1} cm^3 molecule^{-1} s^{-1}	L^2 mol^{-2} s^{-1} cm^6 molecule^{-2} s^{-1}

反応次数について混乱しがちな点は，化学量論係数との関係である．式(11.5)から(11.7)で見たように，素反応では反応次数が化学量論係数と必ず一致する．したがって反応分子数と全反応次数も等しくなり，n 分子反応が必ず n 次反応になる．たとえば H$_2$ 燃焼の複合反応に含まれる H + O$_2$ → OH + O は（p.133 を参照），素反応なので二分子反応であり，速度式は

$$v = k[\text{H}][\text{O}_2] \tag{11.10}$$

となる．HとO$_2$の反応次数はどちらも一次のため，全体としては二次反応になる．

一方，複合反応は複数の素反応が連立するため，反応次数と化学量論係数は一致する場合も一致しない場合もある．たとえばNOの酸化反応，

$$2\mathrm{NO} + \mathrm{O}_2 \rightarrow 2\mathrm{NO}_2 \tag{11.11}$$

は，二分子のNOと一分子のO$_2$が一度に出合うのではなく，三つの素反応からなる複合反応であるが，速度式は

$$v = k[\mathrm{NO}]^2[\mathrm{O}_2] \tag{11.12}$$

となることが，実験的にわかっている．反応次数に関して見ると，NOについて二次，O$_2$については一次で，化学量論係数と一致しており，全体としては三次反応である（ただし複合反応なので，三分子反応とは呼ばない）．

複合反応の速度式は反応機構に依存するので，反応次数は実験で求めるしかない．反応次数と化学量論係数が一致しない場合も多く，たとえば式(11.8a)と(11.8b)の素反応からなる式(11.4)の複合反応は，式(11.8b)の反応速度定数が式(11.8a)の反応速度定数よりも非常に大きいと，反応速度は[A]だけに比例して一次反応になる．複合反応が複雑になると，反応次数が分数や負の数になり，反応速度が式(11.9)のような反応物濃度のべき乗の単純な積にはならず，反応次数が定義できなくなることもある[7]．

7) 13章で扱うが，そのような複雑な場合でも，ある反応物の濃度が非常に大きい場合や小さい条件では，反応速度式を，特定の反応物の一次反応や二次反応に近似できることもある．

Advanced　複合反応の化学量論係数と速度式，平衡定数の関係

複合反応の速度式では，反応次数と化学量論係数は必ずしも一致しない．これに対して10章で学んだ化学平衡の平衡定数Kは，素反応であるか複合反応であるかによらず，式(11.2)の反応では，

$$K = \frac{[\mathrm{P}]^p[\mathrm{Q}]^q}{[\mathrm{A}]^a[\mathrm{B}]^b}$$

となり，反応物濃度と生成物濃度のべき乗の指数は化学量論係数と必ず一致する．このような違いが生じるのは，素反応でも複合反応でも，平衡定数が反応系と生成系の自由エネルギーだけで決まる量であり，反応速度のように，反応系から生成系に至るまでの中間の素反応の組み合わせによらないためである．

11.4 反応次数と素反応の機構

式(11.9)のような速度式がわかれば，これを式(11.3)と組み合わせて，

$$v = -\frac{d[A]}{dt} = k[A]^\alpha[B]^\beta \tag{11.13}$$

のように，反応物や生成物の濃度変化の微分方程式をつくることができる．こうした微分方程式は，反応次数が同じであれば素反応であるか複合反応であるかによらず，数学的にはまったく同じ方法で解ける．したがって，反応物や生成物の濃度の時間変化は，素反応でも複合反応でも反応機構によらず全反応次数だけで決まる．ただし，素反応では全反応次数が決まると反応機構も一つに決まるのに対して，複合反応では全反応次数だけから反応機構を決めることはできない．

以下では，ゼロ次反応から二次反応について式(11.13)を解き，反応物や生成物の濃度変化と対応する素反応の機構を説明する．

11.4.1 ゼロ次反応

全反応次数がゼロ次なので速度式は

$$v = -\frac{d[A]}{dt} = k[A]^0 = k \tag{11.14}$$

となる．つまり反応速度 v は一定値で，生成物の濃度に依存しない．ゼロ次反応の例として，14章で取りあげる触媒反応がある．反応自体には関与しない金属表面や酵素などの触媒に，反応物 A が結合することによって生成物 P（生成物 P は複数あってよい）を生じる反応

$$A \xrightarrow{\text{表面}} P \tag{11.15}$$

において，A が大過剰に存在していると，金属表面や酵素にはつねに一定量の A が吸着している．そのうち一定の割合のものが単位時間あたりに反応して P となるが，反応した A によって空いた金属表面や酵素にはすぐに別の A が吸着するので，単位時間あたり

の反応量は一定になる[8]．ゼロ次反応では，反応速度定数 k の単位は反応速度と同じく［濃度］／［時間］となる．反応によって単位時間あたり一定量 k ずつ A は減少するので，時刻 $t = 0$ での初期値を $[A]_0$ とすると，時刻 t での $[A]$ は次式で表される．

$$[A] = [A]_0 - kt \tag{11.16}$$

11.4.2 一次反応

全反応次数が一次なので，速度式は

$$v = -\frac{d[A]}{dt} = k[A] \tag{11.17}$$

となり，ゼロ次反応とは違って反応物 A の減少とともに反応速度は遅くなる．この場合，表 11.1 に示したように一次反応の速度定数 k の単位は［時間］$^{-1}$ なので，単位時間の間に反応物 A のうち一定の割合のものが反応する．これに対応する素反応は，反応物 A のみが反応に関与して生成物 P（生成物 P は複数あってよい）を与える単分子反応

$$A \longrightarrow P \tag{11.18}$$

である．式(11.17)を左辺が濃度 $[A]$ のみの関数，右辺が時刻 t のみの関数となるように変形すると，変数分離形の微分方程式となる．

$$\frac{d[A]}{[A]} = -k dt \tag{11.19}$$

この微分方程式を解くには，左辺を $[A]$，右辺を t で積分すればよい．右辺の積分範囲を時刻 $t = 0 \sim t$ までとし，時刻 $t = 0$ での初期濃度を $[A]_0$，時刻 t での濃度を $[A]$ と書けば（$[A]$ は変数を表すとともに，時刻 t での濃度を表すためにも使っている），左辺の積分範囲は濃度 $[A] = [A]_0 \sim [A]$ になり

$$\ln \frac{[A]}{[A]_0} = -kt \tag{11.20}$$

が得られる[9]．これを指数関数で書きかえると

8) これらの例では，反応が進行して A の減少が続くと，金属表面や酵素に A と結合していない空きが生じ始め，$[A]$ の一次反応に移行することになる．

9) 積分の方法は，9 章の注 4 を参照．

$$[\mathrm{A}] = [\mathrm{A}]_0 \exp(-kt) \tag{11.21}$$

となる．つまり一次反応では反応物の濃度が指数関数的に減少する（図 11.2）．

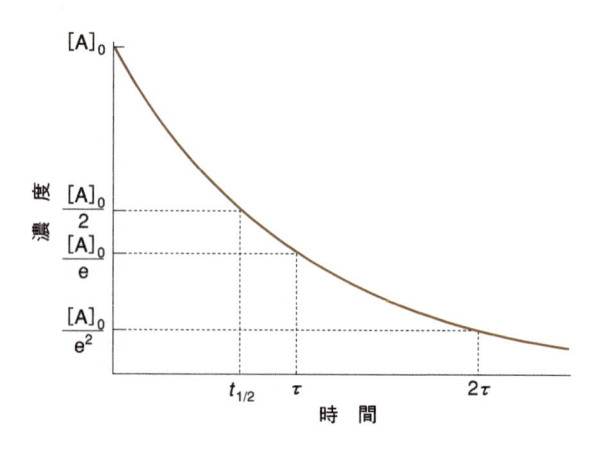

図 11.2　一次反応における反応物濃度の時間変化

==一次反応では，反応物 A の減少の割合は A の量によらずつねに一定なので，反応物がある一定の割合だけ減少するのにかかる時間も一定になるのが特徴である．==とくに，反応物が 1/2 に減少するのにかかる時間を**半減期**（half-life）と呼ぶ（図 11.2）．半減期 $t_{1/2}$ が経過するごとに，反応物は初期濃度の 1/2, 1/4, 1/8, … と減少し続けていく（時間の経過とともに濃度は限りなくゼロに近づくが，決してゼロにはならない）．また k の逆数である時間 τ

$$\tau = \frac{1}{k} \tag{11.22}$$

が経過するごとに，反応物はそれまでの 1/e（約 0.37 倍）に減少する（図 11.2）．τ は，指数関数的な減少を特徴づける時間として，**緩和時間**（relaxation time）と呼ばれるとともに，指数関数的に減少する反応物の平均寿命 $\langle t \rangle$ と一致する[10]ので，**寿命**（lifetime）とも呼ばれる．$2^{-1} = \mathrm{e}^{-\ln 2} = \mathrm{e}^{-0.693\cdots}$ であるから，$t_{1/2}$ は τ および k と次の関係にある．

$$t_{1/2} = 0.693\tau = \frac{0.693}{k} \tag{11.23}$$

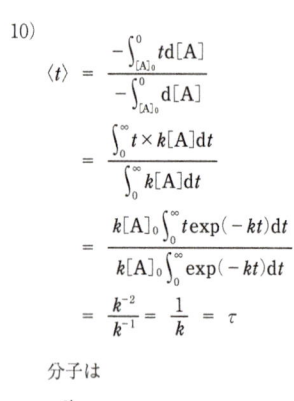

10)
$$\begin{aligned}
\langle t \rangle &= \frac{-\int_{[\mathrm{A}]_0}^{0} t\,\mathrm{d}[\mathrm{A}]}{-\int_{[\mathrm{A}]_0}^{0} \mathrm{d}[\mathrm{A}]} \\
&= \frac{\int_0^\infty t \times k[\mathrm{A}]\mathrm{d}t}{\int_0^\infty k[\mathrm{A}]\mathrm{d}t} \\
&= \frac{k[\mathrm{A}]_0 \int_0^\infty t\exp(-kt)\mathrm{d}t}{k[\mathrm{A}]_0 \int_0^\infty \exp(-kt)\mathrm{d}t} \\
&= \frac{k^{-2}}{k^{-1}} = \frac{1}{k} = \tau
\end{aligned}$$

分子は

$$\int_a^b x\exp(-x)\mathrm{d}x$$
$$= -[x\exp(-x)]_a^b + \int_a^b \exp(-x)\mathrm{d}x$$
$$= -[x\exp(-x)]_a^b - [\exp(-x)]_a^b$$

の部分積分で計算する．

したがって一次反応では，実験で $t_{1/2}$ がわかれば k を決められる．

一次反応の生成物 P の濃度の時間変化は，

$$\frac{d[P]}{dt} = k[A] \tag{11.24}$$

となるので，これに式(11.21)の [A] を代入して左辺を [P]，右辺を t で積分すれば，初期値を $[P]_0$ として，

$$[P] = [P]_0 + [A]_0 [1 - \exp(-kt)] \tag{11.25}$$

となる[11]．このグラフは，反応物の指数関数的な減少を上下反転したかたちになる（図 11.3）．

11) $\int_{[P]_0}^{[P]} d[P] = k[A]_0 \int_0^t \exp(-kt) dt$
より
$[P] - [P]_0 = [A]_0 \{1 - \exp(-kt)\}$
となる．

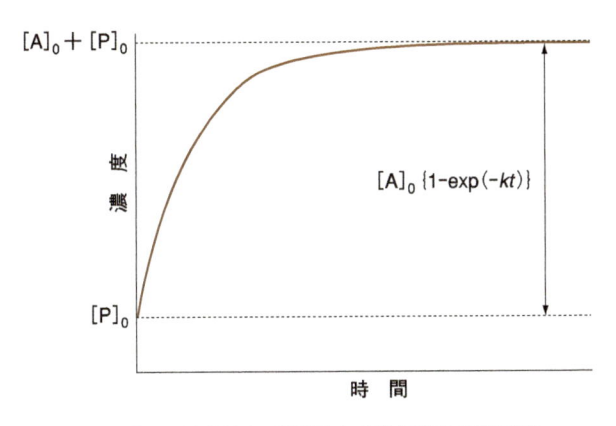

図 11.3 一次反応における生成物濃度の時間変化

素反応の一次反応には，高い内部エネルギーを蓄えた不安定な分子が，他の分子との相互作用なしに二つ以上の分子に分解する解離反応や，異性体に構造変化をする異性化反応などの単分子反応があてはまる[12]．この他に，不安定な原子核である放射性同位体が放射線をだして別の原子核に変化する放射性崩壊も，他の物質との相互作用なしに起こるので，一次反応になる[13]．放射性崩壊については，崩壊の速さを特徴づける量として，速度定数ではなく半減期が用いられている．

式(11.20)からわかるように，一次反応の [A] は

$$\ln[A] = \ln[A]_0 - kt \tag{11.26}$$

12) 単分子反応の反応自体は一分子で起こるが，反応を起こすために必要なエネルギーを反応分子に与える励起過程には，周囲の分子の衝突を必要とする．そのため，単分子反応全体の反応速度定数は，周囲の分子の濃度にも依存する（14 章参照）．

13) 放射性崩壊は A → B → C …のように連続する場合がある．このとき A は一次反応になるが，A が存在するときの B や C は，複合反応として扱う必要があり，13 章で扱う逐次反応となる．

と書くことができ，図 11.4 のように [A] の自然対数を縦軸，時刻 t を横軸にとった片対数プロットを描くと，k を傾きとする一次関数になり，実験データから k を簡単に決められる．[A] の対数をプロットするので，濃度の絶対値でなく相対値を用いてもグラフの傾き，すなわち k を求められる．濃度の絶対値を測定しなくても k が決められるということは，実験的な制約が少なく都合がよい．また，片対数プロットが直線になるのは，A が一次反応で減少している場合だけなので，A の反応次数が一次なのかどうかをこのプロットから逆に確かめることができる．

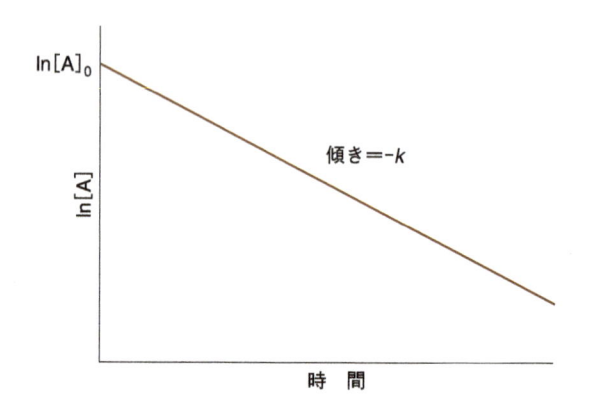

図 11.4　一次反応における ln[A] の時間に対するプロット

11.4.3　二次反応

全反応次数が二次なので，これを満たす速度式には

$$v = -\frac{1}{2}\frac{d[A]}{dt} = k[A]^2 \tag{11.27}$$

$$v = -\frac{d[A]}{dt} = k[A][B] \tag{11.28}$$

の二種類がある．どちらの場合でも，二次反応の反応速度定数 k の単位は [濃度]$^{-1}$ [時間]$^{-1}$ となる．一次反応と同様，二次反応も，反応物の減少とともに反応速度は遅くなる．それぞれに対応する素反応は，二分子反応

$$A + A \rightarrow P \tag{11.29}$$

$$A + B \rightarrow P \tag{11.30}$$

である(生成物 P は複数あってよい).式(11.27)は,式(11.29)の素反応を想定して,式(11.3)にもとづいて A の化学量論係数 2 で $d[A]/dt$ を割ってある.式(11.29)の一種類の分子 A のみの二次反応は,式(11.27)を

$$\frac{d[A]}{[A]^2} = -2k dt \tag{11.31}$$

と変形すれば変数分離形の微分方程式になるので,式(11.20)を求めたときと同様に,左辺を $[A]$,右辺を t でそれぞれ積分して

$$\frac{1}{[A]} - \frac{1}{[A]_0} = 2kt \tag{11.32}$$

Advanced　反応物が異なる二分子反応

二種類の分子 A と B の二分子反応である式(11.30)の場合,A と B は一分子ずつ反応するため,反応による A の減少量 $[A]_0 - [A]$ と B の減少量 $[B]_0 - [B]$ は等しく,

$$[B] = [B]_0 - ([A]_0 - [A]) \tag{1}$$

の関係がつねに成り立つ.とくに初期濃度 $[A]_0$ と $[B]_0$ が等しければ,つねに $[A] = [B]$ が成り立つため,形式的には式(11.31)から出発して式(11.35)が得られる〔ただし式(11.31)~(11.33)の右辺の $2kt$ は kt になる〕.

初期濃度 $[A]_0$ と $[B]_0$ が異なる場合は,式(1)を式(11.28)に代入して $[B]$ を消去すれば,やはり $[A]$ と t の変数分離形の微分方程式

$$\frac{d[A]}{[A]\{[A] - ([A]_0 - [B]_0)\}} = -k dt \tag{2}$$

になる.ここで左辺に部分分数分解

$$\frac{1}{ab} = \frac{1}{b-a}\left(\frac{1}{a} - \frac{1}{b}\right)$$

を適用すると

$$\frac{1}{[A]_0 - [B]_0}\left\{\frac{d[A]}{[A]-([A]_0-[B]_0)} - \frac{d[A]}{[A]}\right\} = -k dt \tag{3}$$

と変形できる.この左辺を $[A]$,右辺を t でそれぞれ積分し(積分範囲は,左辺は $[A]_0 \sim [A]$,右辺は $0 \sim t$),式(1)の関係を使って $[B]$ を復活させると

$$\frac{1}{[A]_0 - [B]_0} \ln \frac{[A][B]_0}{[A]_0[B]} = kt \tag{4}$$

が得られる.この場合は横軸に時刻 t,縦軸に $\ln([A]/[B])$ をプロットすれば,切片が $\ln([A]_0/[B]_0)$,傾きが $([A]_0 - [B]_0)k$ の直線になる.

この場合も,半減期は初期濃度に依存し,反応の進行とともに衝突相手の濃度が減るので,半減期も長くなっていく.

とできる（積分範囲は，左辺は $[A]_0 \sim [A]$，右辺は $0 \sim t$）．これを書きかえると

$$\frac{1}{[A]} = \frac{1}{[A]_0} + 2kt \tag{11.33}$$

であるから，横軸に時刻 t，縦軸に $1/[A]$ をプロットすれば図11.5 のように，切片が $1/[A]_0$ で，傾きが $2k$ の直線となる．

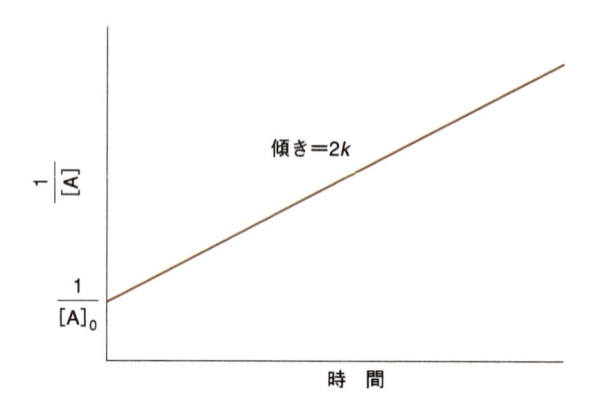

図 11.5 二次反応における $1/[A]$ の時間に対するプロット

ただし，表11.1 に示されるように二次反応の速度定数は [濃度]$^{-1}$ [時間]$^{-1}$ の単位をもつので，反応物濃度の絶対値をプロットしない限り，図11.5 の傾きから反応速度定数 k を決めることはできない．つまり，一次反応とは違って，二次反応の速度定数の決定には，濃度の絶対値を測定する必要がある[14]．

二次反応が一次反応と決定的に違う点は，半減期が一定値にならず初期濃度の関数になることである．式(11.33)で左辺の $[A]$ に $[A]/2$ を代入すればわかるように，A + A の二次反応の半減期は

$$t_{1/2} = \frac{1}{2k[A]_0} \tag{11.34}$$

となり，$[A]_0$ が大きいほど半減期は短い．つまり，反応が進むほど反応物の濃度が半分になるのに要する時間が長くなっていく[15]．これは反応速度が A と A の衝突の頻度に比例しているため，$[A]$ が減少すればするほど，衝突の確率も減ってしまうためである．

[14] 濃度の絶対値を測定するのは必ずしも容易ではないが，このような困難を回避するために，反応物 B の濃度を非常に大量（少なくとも A の 100 倍近く）にした条件で実験を行う．そうすると反応中の B の減少を無視できるので，$[B]$ を一定とみなして

$$k' = k[B]$$

として，k' を定数のように扱い，式(11.28)を

$$v = -\frac{d[A]}{dt} = k[A][B]$$
$$= k'[A]$$

と書きかえる．こうすると二次反応を擬似的に一次反応として扱うことができ，$[A]$ の相対値だけから k' が求められる．二次反応の速度定数は

$$k = k'/[B]$$

により決められる．この方法を擬一次法といい，二次反応の速度定数の決定によく使う．

[15] 二次反応について式 (11.33) より $[A] = [A]_0/([A]_0 + 2kt)$ として，注10 と同様に平均寿命を求めると無限大になる．

$$\langle t \rangle = \frac{-\int_{[A]_0}^{0} t d[A]}{-\int_{[A]_0}^{0} d[A]}$$
$$= \frac{\int_0^{\infty} t \times 2k[A]^2 dt}{\int_0^{\infty} 2k[A]^2 dt}$$
$$= \infty$$

章末問題

1. 反応次数と反応分子数の関係を説明せよ．

2. 一次反応と二次反応の半減期の濃度依存性と速度定数の関係を述べよ．

3. 五酸化二窒素 N_2O_5 の熱分解反応による濃度変化を 55℃で測定した．下表の測定結果をグラフにして N_2O_5 の分解反応の次数と反応速度定数を決め，半減期と初期濃度の99％が反応するのにかかる時間を求めよ．

時間(s)	0	300	600	900	1200	1500	1800
$[N_2O_5]$ (mol/L)	0.0505	0.0312	0.0206	0.0133	0.0081	0.0054	0.0031

4. A＋Aの二次反応で，Aが初期濃度の1/2に半減するのに1分かかったとすると，Aが初期濃度の1/2から1/4，1/4から1/8に半減するのにそれぞれ何分かかるか．

5. AとBの反応について，下表のように二通りのAとBの初期濃度でAの濃度変化を測定したところ，どちらの条件でもAは一次反応的に減少し，表に示した一次の反応速度定数が得られた．この反応の全反応次数と真の速度定数を求めよ．（ヒント：どちらの場合も反応によるBの減少量は無視できる．）

Aの初期濃度 (mol/L)	Bの初期濃度 (mol/L)	反応速度定数 (s^{-1})
1.0×10^{-3}	1.0×10^{-1}	2.4×10^{-2}
1.0×10^{-3}	2.0×10^{-1}	4.8×10^{-2}

12 反応速度の理論

KEY CONCEPT
- アレニウスの式
- 活性化エネルギー
- 衝突理論
- 衝突断面積
- 立体因子
- 遷移状態

化学反応の速さが反応速度定数を使って表せることを11章で学んだ。反応速度定数は時間にも反応物の濃度にも依存しないが，温度には強く依存する．このことは温度を上げると多くの場合において反応が速く進むという，私たちが経験的に知っている事実に一致している．反応速度の温度依存性を知ることは，実用的な見地から重要なのはいうまでもない．ここでは，反応速度の温度依存性と大きさが，化学反応の起こり方とどのように関係しているかを学ぶ．

12.1 アレニウスの式

12.1.1 反応速度の温度依存性

反応速度の温度依存性について調べていたアレニウス (S. A. Arrhenius) は，ショ糖の転化反応[1]などの実験データから，速度定数 k と絶対温度 T が

$$k = A \exp\left(-\frac{E_a}{RT}\right) \tag{12.1}$$

の関係で表せることを経験的に発見し，1899年に発表した（R は気体定数）．式(12.1)は**アレニウスの式**（Arrhenius equation）と呼ばれ，多くの反応で成り立つことが知られている．E_a は**活性化エネルギー**（activation energy），A は**頻度因子**（frequency factor, または前指数因子）と呼ばれ，この二つをアレニウスパラメーターと

S. A. Arrhenius（1859-1927）スウェーデンの化学者．1903年にノーベル化学賞を受賞．

[1] 二糖類のショ糖（スクロース）が単糖類のブドウ糖（グルコース）と果糖（フルクトース）に加水分解する反応．

2) 指数関数の指数は無次元であるから，式(12.1)においてE_aはRTと同じ単位をもっており，1モルあたりのエネルギーを表す．

3) 活性化エネルギーが50 kJ/mol程度ならば，25℃から35℃に温度を10℃上げただけで，次のように反応速度は約2倍になる．E_aもAも温度に依存しない定数と考えてよいので，

$$k_{35℃} = A\exp\left(\frac{-50\,\text{kJ/mol}}{8.31\,\text{J K}^{-1}\text{mol}^{-1} \times 308\,\text{K}}\right)$$

$$k_{25℃} = A\exp\left(\frac{-50\,\text{kJ/mol}}{8.31\,\text{J K}^{-1}\text{mol}^{-1} \times 298\,\text{K}}\right)$$

より

$$\frac{k_{35℃}}{k_{25℃}} = \frac{3.3 \times 10^{-9}A}{1.7 \times 10^{-9}A} \approx 2$$

4) アレニウスプロットの横軸は絶対温度の逆数$1/T$なので，Tが高いほど小さい．したがって$E_a > 0$の場合，図12.1が右上がり，逆に図12.2は右下がりになる．

呼ぶこともある．E_aは通常 kJ/mol の単位で表す[2]．多くの反応で見られるように，温度を上げるとkが大きくなるのは，E_aが正の場合である．また式(12.1)の指数関数部分は無次元なので，Aの単位は速度定数と等しい．つまり一次反応ならばAの単位はs^{-1}であり，二次反応ならば$\text{L mol}^{-1}\,\text{s}^{-1}$または$\text{cm}^3\,\text{molecule}^{-1}\,\text{s}^{-1}$となる．図12.1に示したように，アレニウスの式で表されるkは温度の上昇に対して急激に増加し[3]，E_aが大きいほどkは小さくなる．

式(12.1)の自然対数をとった次の式は，実験的に活性化エネルギーを決めるのに役立つ．

$$\ln k = \ln A - \frac{E_a}{RT} \tag{12.2}$$

速度定数がアレニウスの式に従うならば，図12.2のように，さまざまな温度で測定した速度定数の対数 $\ln k$ を，絶対温度の逆数$1/T$に対してプロットした**アレニウスプロット**（Arrhenius plot）[4]は，傾きが$-E_a/R$の直線になるので，その値からE_aを決められる．式(12.2)からわかるように，活性化エネルギーE_aが大きいほど，アレニウスプロットの傾きは急になり，温度変化に対する速度定数の変化の割合は大きくなる．

12.1.2　活性化エネルギーと頻度因子の意味

反応速度定数がアレニウスの式で表されるということは，化学反応がどのように起こるのかという問題と深く関係している．多くの化学反応では，反応物を混合して放置しただけでは反応は進まない．そのため温度を高くするなどして，反応を起こすためのエネルギー

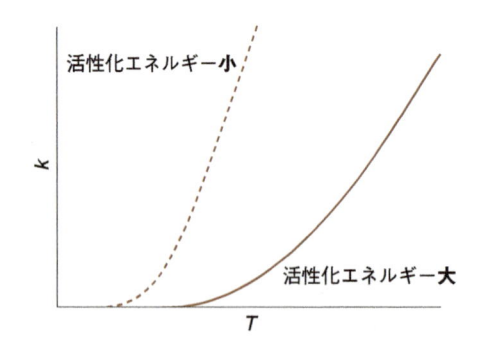

図 12.1　アレニウスの式で表される反応速度定数

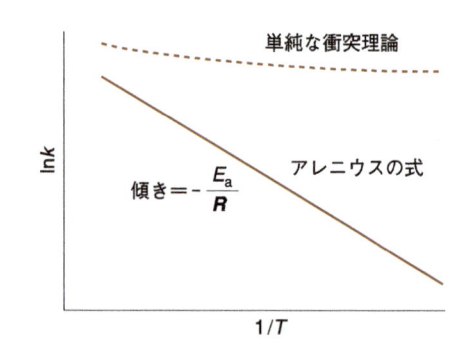

図 12.2　反応速度定数のアレニウスプロット

を与える必要があり，それが活性化エネルギー E_a に対応している．

図 12.3 は，活性化エネルギーの意味を簡単に表したものである．この図の縦軸のポテンシャルエネルギーとは，6 章で分子内の原子と原子の結合をバネと考えたときに，分子の振動運動によって原子間のバネが伸縮して変形し，蓄えられたポテンシャルエネルギー（図 6.5）と同じものである．ただし，図 12.3 の横軸は反応物から生成物への反応の進行状況を表す座標で，**反応座標**（reaction coordinate）と呼ばれる[5]．図 12.3 に示したように，活性化エネルギーとは，反応物から生成物へと活性化障壁を越えて反応が進行するために最低限必要なものとして，反応物にいったん蓄えられなければならないエネルギーである．

それではなぜ活性化エネルギーが必要なのだろうか．たとえば原子 A と二原子分子 BC が反応して，二原子分子 AB と原子 C が生じる反応ならば，BC の結合を引き離すエネルギーが反応物 A ＋ BC に蓄えられなければならない．これが反応物を"活性化"するエネルギーである．ただし，BC の緩い結合 B…C が残っている間に新たに AB の緩い結合 A…B が生じ始め，エネルギーの低い生成物 AB ＋ C に向かうので，活性化エネルギーは BC の結合を完全に切るエネルギーよりはかなり小さくてすむ．したがって，この例では図 12.3 のエネルギーの頂点は AB と BC の緩い結合を同時にもつ状態 A…B…C になっている．この状態は本章の後半で説明する遷移状態に対応しており，活性化エネルギーは反応物が遷移状態になるのに必要なエネルギーと考えることができる．

アレニウスの式において活性化エネルギーは，7 章で学んだボルツマン分布の指数関数部分（ボルツマン因子）のなかに現れてい

[5] 図 6.5 の二原子分子のポテンシャルエネルギーは，核間距離だけを横軸にとる一次元のポテンシャルエネルギー"曲線"であったが，化学反応では，切れる結合と新たに生まれる結合のように，複数の核間距離や結合角が変数となるため，多次元のポテンシャルエネルギー"曲面"になる．図 12.3 の一次元のポテンシャルエネルギー曲線は，ポテンシャルエネルギー曲面を反応座標に沿って一次元に切りだしたものである．ポテンシャルエネルギー曲面については，この章の後半で取りあげる．

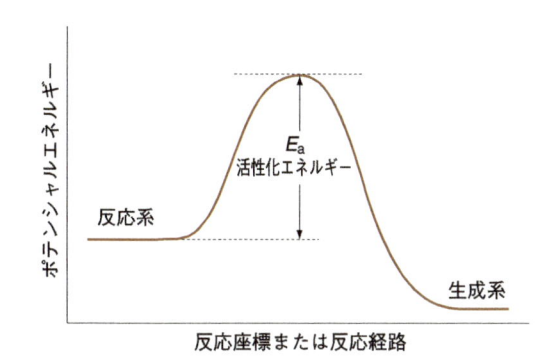

図 12.3 活性化障壁

6) 7章では，一分子あたりのエネルギー ε でボルツマン分布を考えたので，ボルツマン因子は $\exp(-\varepsilon/k_B T)$ であったが，ここでは1モルあたりのエネルギー E で考えるので，ボルツマン因子は $\exp(-E/RT)$ となる（$R = N_A k_B$ である）．

7) 絶対温度 T のボルツマン分布にある分子の集団において，E_a を超えるエネルギーをもつ分子の割合は，0〜∞の範囲のエネルギーをもつ集団に占める，E_a〜∞のエネルギーをもつ分子の割合なので，

$$P(E \geq E_a)$$
$$= \frac{\int_{E_a}^{\infty} \exp(-E/RT) dE}{\int_0^{\infty} \exp(-E/RT) dE}$$
$$= \exp(-E_a/RT)$$

である．実際は，並進・回転・振動のエネルギーの自由度ごとに多重度やエネルギー間隔を考えた扱いが必要なので，「エネルギー分布が単純に $\exp(-E/RT)$ に比例する」というのは，簡略化されたものである．

8) 衝突するとAの進路は変わるが，Aは衝突した後も同じ速度 v で運動し続けると仮定すれば，単位時間あたりに体積 σv のジグザグの円筒内の他のAと衝突すると考えることができる．

9) 衝突断面積 σ（単位は [面積] [分子数]$^{-1}$）と速度 v（単位は [長さ] [時間]$^{-1}$）の積 σv の単位は，二分子反応の速度定数 k と同じく，[体積] [分子数]$^{-1}$ [時間]$^{-1}$ である．

る[6]．速度定数に $\exp(-E_a/RT)$ が現れる理由を単純化して説明すると，次のようになる．図12.3のように反応の途中に活性化障壁が存在するならば，その高さ E_a を超えるエネルギーを反応系がもたない限り，反応は進まない．したがって反応が起こる確率は，E_a より大きなエネルギーを反応物がもつ確率に比例すると考えられる．7章で見たように，絶対温度 T の原子や分子のエネルギー分布はボルツマン分布に従うので，エネルギーの大きさが E となる状態をとる確率は $\exp(-E/RT)$ に比例する．このとき E_a を超えるエネルギーをもつ確率は $\exp(-E_a/RT)$ となる[7]．したがって，反応速度定数はアレニウスの式が示すように $\exp(-E_a/RT)$ に比例することになる．

アレニウスの式の頻度因子 A の意味はどう考えられるだろうか．温度 T が無限大の極限で式(12.1)の指数関数部分 $\exp(-E_a/RT)$ は1になるので，反応速度定数は A に等しくなる．したがって A は，反応系のすべての分子が活性化障壁をはるかに超えるエネルギーをもつ場合の反応速度定数に相当している．そういう意味で，A はその反応の速度定数の上限値となる．

12.2　衝突理論

12.2.1　単純な衝突理論

前項では，アレニウスの式(12.1)の指数関数部分を単純化して説明した．ここではアレニウスの式の頻度因子の大きさや，反応速度の温度依存性の意味を理解するために，二分子反応の反応速度を分子衝突のレベルで考えてみよう．

この場合，反応速度は2個の分子の衝突頻度に比例し，衝突頻度は6章で分子衝突について求めたものと基本的に同じである．図6.1に示したように，直径 d の球とみなした分子Aどうしの衝突を考えると，1個のAの衝突断面積は式(6.1)のように $\sigma = \pi d^2$ となる．1個のAのみが速度 v で動き，他のAがすべて止まっていると仮定すると，v で動くAは単位時間あたり，体積 σv の円筒内にある他のAと衝突するとみなせる[8]．AとAが衝突すると必ず反応が起こるものとすると，この二分子反応の速度定数は $k = \sigma v$ と書ける[9]．実際にはいろいろな速度のAが存在するので，その平均速

度を $\langle v \rangle$ と書けば，単純な衝突論の速度定数は次のようになる．

$$k = \sigma \langle v \rangle \tag{12.3}$$

衝突断面積 σ は温度に依存しないので，式(12.3)の k が温度に依存するかどうかは，$\langle v \rangle$ の温度依存性で決まる．絶対温度 T のもとで，分子Aの速度分布は7章のマクスウェル・ボルツマンの速度分布に従うので，式(7.4)より $\langle v \rangle = \sqrt{8RT/\pi M_A}$ である（M_A は1モルのAの質量，すなわち分子量）．したがって単純な衝突理論では，k は T の平方根に比例する．これは $\langle v \rangle$ が T の平方根に比例して増加し，時間あたりの衝突回数が $\langle v \rangle$ に比例して増えるためである．なお，式(6.3)を導くときに注意したように，この問題は衝突する分子間の相対速度 $v_{\rm rel}$ で考える必要があり，換算質量[10] μ を用いると，相対速度の平均値は

$$\langle v_{\rm rel} \rangle = \sqrt{\frac{8RT}{\pi \mu}} \tag{12.4}$$

となる．したがって，単純な衝突論による二分子反応の速度定数は

$$k = \pi d^2 \sqrt{\frac{8RT}{\pi \mu}} \tag{12.5}$$

と書ける．式(12.5)をアレニウス・プロットすると，図 12.2 に破線で示したように，$1/T$ が大きい低温領域における減少が非常に緩やかで，低温領域まで $\ln k$ が直線的に減少するアレニウスの式とは大きく異なっている．この比較から，アレニウスの式で表される現実の反応速度定数は，温度が低くなると，衝突頻度が減る以上に反応が起こりにくくなっているといえる．

12.2.2 活性化障壁による反応確率を考慮した衝突理論

単純な衝突理論から求めた式(12.5)の反応速度定数が，温度が低くなるにつれてアレニウスの式と異なってくるのは，反応物が衝突すれば必ず反応が起こると仮定している点にある．そこで，衝突しても，活性化障壁を越えるエネルギーがなければ反応は起こらないものとして，確率を考えてみよう．

単純に考えると，衝突エネルギー E_T が，活性化エネルギー E_a より小さければ反応確率 $P(E_T)$ はゼロ，E_T が E_a より大きければ必ず

---

10) 質量 M_A の分子と質量 M_B の分子の換算質量は，
$$\mu = \frac{M_A M_B}{M_A + M_B}$$
である．ここではAどうしの衝突を考えているので，$\mu = M_A/2$ となる．6章では，「二分子間の相対速度の平均値は，一分子の平均速度の $\sqrt{2}$ 倍」としたが，μ を使えばその効果も含まれることになる．

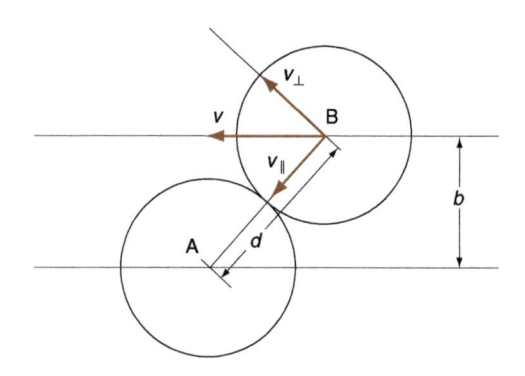

図 12.4 反応する剛体球分子の衝突

反応が起きて $P(E_T) = 1$ とすればよさそうだ[11].

$$P(E_T) = \begin{cases} 1 & (E_T \geq E_a) \\ 0 & (E_T < E_a) \end{cases} \quad (12.6)$$

衝突論では分子 A を直径 d の球とみなしているので、A どうしの衝突は正面衝突だけでなく、図 12.4 に示したような斜めの衝突や、かするような衝突もある．われわれが経験的に知っているように、斜めの衝突よりも正面衝突のほうが衝突の衝撃は大きい．このことを式で表すには、相対速度 v_{rel} による衝突エネルギー $E_T = \mu v_{\text{rel}}^2/2 = \mu v_{\parallel}^2/2 + \mu v_{\perp}^2/2$ のうち、2個の分子 A の中心を結ぶ直線に平行な速度成分 $v_{\parallel}$ によるエネルギー $\mu v_{\parallel}^2/2$ のみが活性化障壁を越えるのに有効であるとして式(12.6)を使えばよい．すなわち、$\mu v_{\parallel}^2/2$ が E_a より大きければ必ず反応が起こるとすれば、簡単な幾何学的考察から、衝突エネルギー E_T に依存した反応確率 $P(E_T)$ は次のようになる[12].

$$P(E_T) = \begin{cases} 1 - E_a/E_T & (E_T \geq E_a) \\ 0 & (E_T < E_a) \end{cases} \quad (12.7)$$

式(12.7)の $P(E_T)$ は E_T に対して図 12.5 のように変化する．式(12.6)とは違い、E_T が E_a を超えるとともに反応確率は大きくなり、E_T がある程度大きくなれば反応確率は 1 とみなせるようになる．式(12.7)の反応確率を取り入れると、

$$k = \pi d^2 \sqrt{\frac{8RT}{\pi \mu}} \exp\left(-\frac{E_a}{RT}\right) \quad (12.8)$$

11) 厳密には、活性化エネルギー E_a と、反応確率がゼロでなくなる "しきいエネルギー E_0" は一致しないが、本節では簡単のため E_a と E_0 が一致するものとして扱っている．

12) 図 12.4 に示したように、正面衝突からのズレを表す距離 b を 0 から d まで変え、b ごとに決まる $\mu v_{\parallel}^2/2$ について式(12.6)の反応確率の期待値を計算すると、式(12.7)が得られる．

図 12.5 衝突エネルギーに依存した反応確率

となり，アレニウスの式に見られたボルツマン因子型の指数関数部分が生じる．単純な衝突理論にはない低温領域での $\ln k$ の直線的な減少は，衝突エネルギーに依存した反応確率を考慮することで現れることがわかる．

式(12.4)を使うと，式(12.8)は

$$k = \sigma \langle v_{\text{rel}} \rangle \exp\left(-\frac{E_a}{RT}\right) \tag{12.9}$$

Advanced 式 (12.8) の導き方

絶対温度 T のもとで分子 A の速度は，式(7.1)のマクスウェル・ボルツマンの速度分布にしたがって $0 \sim \infty$ までのさまざまな値をとる．式(12.7)のような衝突エネルギー E_T に依存した反応確率を考慮する場合には，絶対温度 T での平均衝突エネルギー $\langle E_T \rangle$ や平均相対速度 $\langle v_{\text{rel}} \rangle$ を使って，単純に $k = P(\langle E_T \rangle)\sigma\langle v_{\text{rel}} \rangle$ とするわけにはいかない．さまざまな値をとる v_{rel} ごとに $E_T = \mu_{\text{rel}}^2/2$ で決まる $P(E_T)\sigma v_{\text{rel}}$ を求め，これに相対速度が v_{rel} になる確率を表す式(7.1)のマクスウェル・ボルツマンの速度分布関数 $f(v_{\text{rel}})$ をかけ，$0 \sim \infty$ までの v_{rel} について $P(E_T)\sigma v_{\text{rel}} f(v_{\text{rel}})$ を足し合わせる（積分する）必要がある．したがって

$$k = \int_0^\infty P(E_T) \times \sigma \times v_{\text{rel}} \times f(v_{\text{rel}}) \mathrm{d}v_{\text{rel}} \tag{1}$$

の積分を行って，速度定数が求められる．

ここではエネルギー E_T を変数としたほうが積分をしやすいので，式(7.1)のマクスウェル・ボルツマン分布に $v = (2E_T/\mu)^{1/2}$ の関係を代入し，E_T が 1 モルあたりのエネルギーであるのに合わせて k_B を $R(= N_A k_B)$ に書きかえ，$\mathrm{d}E_T = \mu v \mathrm{d}v$ の関係を用いて，速度分布の式を次のように書きかえる．

$$\begin{aligned} f(v)\mathrm{d}v &= g(E_T)\mathrm{d}E_T \\ &= 2\pi\left(\frac{1}{\pi RT}\right)^{3/2}\sqrt{E_T}\exp\left(-\frac{E_T}{RT}\right)\mathrm{d}E_T \end{aligned} \tag{2}$$

これを用いると，反応速度定数 k は

$$\begin{aligned} k &= \int_0^\infty P(E_T) \times \pi d^2 \times \sqrt{\frac{2E_T}{\mu}} \\ &\quad \times 2\pi\left(\frac{1}{\pi RT}\right)^{3/2}\sqrt{E_T}\exp\left(-\frac{E_T}{RT}\right)\mathrm{d}E_T \\ &= \int_{E_0}^\infty \left(1 - \frac{E_0}{E_T}\right) \times \pi d^2 \times \sqrt{\frac{2E_T}{\mu}} \\ &\quad \times 2\pi\left(\frac{1}{\pi RT}\right)^{3/2}\sqrt{E_T}\exp\left(-\frac{E_T}{RT}\right)\mathrm{d}E_T \\ &= 2\pi^2 d^2\sqrt{\frac{2}{\mu}}\left(\frac{1}{\pi RT}\right)^{3/2}\int_{E_a}^\infty (E_T - E_0) \\ &\quad \exp\left(-\frac{E_T}{RT}\right)\mathrm{d}E_T \end{aligned} \tag{3}$$

となる．ここで，式(12.7)より $P(E_T) \geq 0$ となる E_T の積分の下限は E_0 である．この定積分は部分積分

$$\begin{aligned} \int_a^b x\exp(-x)\mathrm{d}x &= -[x\exp(-x)]_a^b + \int_a^b \exp(-x)\mathrm{d}x \\ &= -[x\exp(-x)]_a^b - [\exp(-x)]_a^b \end{aligned} \tag{4}$$

によって求めることができ，最終的に式(12.8)が得られる．

13) 式(12.8)は $\langle v \rangle$ に $T^{1/2}$ の温度依存性があるため，頻度因子が定数にならずアレニウスの式と一致していないように見える．たしかに，式(12.8)のアレニウスプロットは $1/T$ が小さい領域（高温領域）ではアレニウスの式の直線よりも上方へずれるが，RT が E_a と同程度以上になるような高温でなければ，この効果は顕著ではなく，多くの反応の速度定数の温度依存性がアレニウスの式と合うこととは矛盾しない．

と書きかえられる．式(12.9)と式(12.1)のアレニウスの式との比較から，$\sigma \langle v_{rel} \rangle$ が頻度因子 A に対応する[13]．つまり式(12.9)では，反応速度定数が，（衝突断面積）×（平均相対速度）×（ボルツマン因子型指数関数）のように三つの要素の積で表され，アレニウスの式の物理的な意味が非常にはっきりしたものになっている．

12.2.3 立体因子

アレニウスプロットで E_a を決めれば，式(12.8)から速度定数が計算できる．非常に反応性が高い原子などの反応では，式(12.8)から得られる値は実際の速度定数に近い．これは式(12.8)の仮定どおり E_a を超えるエネルギーの衝突では，ほぼ100%の確率で反応が起こるためと考えられる．しかし式(12.8)から得られる値は実際の速度定数よりも大きい場合が多く，数桁も違う反応もある．これは，AとBが活性化障壁を越えるのに十分に大きなエネルギーで衝突したとしても，100%の確率では反応が起きないことを示している．実験的に求められた頻度因子 A が，計算で見積もられた $\sigma \langle v_{rel} \rangle$ の 1/10 や 1/100 であるならば，十分なエネルギーをもった衝突でも，10回や100回に1回しか反応が起こらないことになる．

反応を起こす衝突と反応を起こさない衝突の違いは，反応物どうしの向きあい方によって原子間の結合の組みかえに有利な向きと不利な向きがあることに起因している．たとえば図12.6に示した例のように，原子Aと二原子分子BCとが反応して二原子分子ABとCが生成する反応で，原子Aが原子Bの側から衝突すれば反応は起こるが，原子Cの側から衝突すると反応が起こらないとすると，

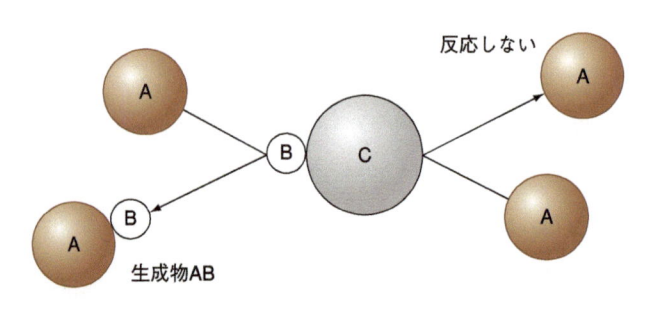

図12.6 衝突の向きによる反応の違い

原子 B の直径が原子 C より小さい場合には，A が B に衝突して反応が起こる確率は低くなるだろう．このように反応物の構造に依存した衝突の向きによる反応確率の違いを表す補正係数として，**立体因子**（steric factor）p を考える．立体因子は，どんな向きの衝突でも必ず反応する場合に $p = 1$ とし，反応に不利な向きの衝突があれば 1 より小さくなる．これを式(12.8)にかけた式

$$k = p\pi d^2 \sqrt{\frac{8RT}{\pi\mu}} \exp\left(-\frac{E_a}{RT}\right) \tag{12.10}$$

が，実際の反応速度と一致する値になると考える．なお p が 1 を超える特別なタイプの反応[14]もある．立体因子を考えることで，衝突論的な反応速度の値を実際の反応速度に合わせることはできるが，p の値をあらかじめ算出することはできない．

12.3 遷移状態理論

衝突論によって反応速度定数を求める方法は，個々の素反応をイメージしやすい反面，衝突論で求めた反応速度定数と実際の速度定数の違いである立体因子は，分子構造の情報などから別に決めねばならない．**遷移状態理論**（transition state theory）または**活性錯合体理論**（activated complex theory）は統計論を使ってこの問題を解く理論で，アイリング（H. Eyring）らによって 1930 年代に提案され，大きな成功を収めた．遷移状態理論は，反応速度の絶対値をすべて理論的に求めるので，絶対反応速度論とも呼ばれた．

この理論では，反応座標におけるポテンシャルエネルギーの頂点に仮想的な分子を考え，**遷移状態**（transition state）または**活性錯合体**（activated complex）と呼ぶ．素反応 A + B → P + Q において遷移状態を $X^\ddagger$ と表し，この素反応が $X^\ddagger$ を経由して起きると考える（図 12.7）．

$$A + B \rightarrow X^\ddagger \rightarrow P + Q \tag{12.11}$$

遷移状態理論では，反応物側から $X^\ddagger$ に到達すれば必ず生成物側に通り抜け，逆に生成物側から $X^\ddagger$ に到達すれば必ず反応物側に通り抜けるものと仮定する．つまり反応物側から遷移状態 $X^\ddagger$ に到達

14) 銛打ち機構（harpoon mechanism）と呼ばれるタイプの反応では，反応物が非常に離れた距離にあるうちに，反応物 A と B の間で電子が移動して，A^+ + B^- になることでクーロン力が発生し，引き合って衝突し反応を起こす．このような反応では，単純に反応物の原子半径の和で考えるよりも，ずっと大きな反応断面積をもつことになるので，立体因子は 1 より大きくなる．

H. Eyring（1901-1981）アメリカの化学者．

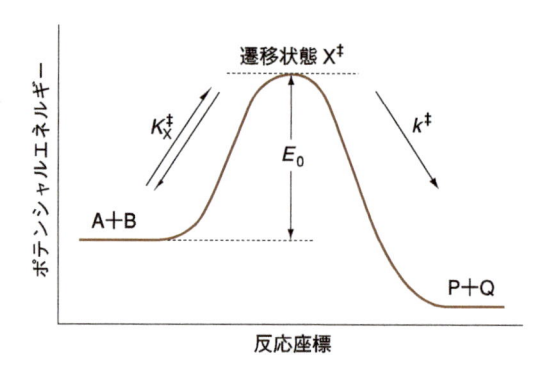

図 12.7 遷移状態理論

したものは，反応が起こりやすい向きの衝突が起きたと考えてよい．したがって，[X‡] を求められれば，衝突論では求められなかった立体因子を求めたことになる．[X‡] が大きい反応ほど，さまざまな衝突の向きに対して X‡ を形成する確率が高いことに対応しており，すなわち立体因子が大きいことになる．

　遷移状態理論が反応速度定数の絶対値を求めることに成功している本質は，速度定数を決める立体因子，衝突断面積，相対速度，活性化障壁を越える確率といった要素をすべて，反応物からの遷移状態の形成しやすさと，遷移状態から生成物が生じる速度に組み込んで，その絶対値をうまく求めていることにある．以下にその概略を説明しよう．

　遷移状態理論では，反応物 A + B と遷移状態 X‡ とが絶対温度 T のもとで化学平衡状態にあることを仮定する．ここで X‡ の単分子的な減少速度を $k^‡$ とする．すなわち

$$A + B \rightleftarrows X^‡ \xrightarrow{k^‡} P + Q \tag{12.12}$$

反応物と遷移状態の間の平衡定数を $K_X^‡$ と書くと

$$K_X^‡ = \frac{[X^‡]}{[A][B]} \tag{12.13}$$

となるので，この反応全体の速度定数を k とすると速度式は

$$-\frac{d[A]}{dt} = k[A][B] = k^‡[X^‡] = k^‡ K_X^‡ [A][B] \tag{12.14}$$

と書ける．すなわち

$$k = k^\ddagger K_X^\ddagger \tag{12.15}$$

であるから，$k^\ddagger$ と $K_X^\ddagger$ を決めれば反応速度定数が決まる．詳細は別に述べるが，化学平衡の平衡定数が 7 章で学んだ分子分配関数 q によって求められる[15]ことを利用すると，遷移状態理論から得られる速度定数は

15) 分子分配関数は，ボルツマン分布に従う分子が与えられた温度のもとで取りうる振動・回転・並進運動の状態数を表すので，反応物と生成物の分配関数の比は，その温度で平衡状態にある反応物と生成物の分子数の比そのものになる．

Advanced 式(12.16)の導き方の一例

遷移状態 $X^\ddagger$ についても安定分子と同様に分配関数を求めることができるとすると，反応系 A + B との平衡定数 $K_X^\ddagger$ は，

$$K_X^\ddagger = \frac{q_X^\ddagger}{q_A q_B} \exp\left(-\frac{E_0}{RT}\right) \tag{1}$$

となる．ここで $\exp(-E_0/RT)$ が現れるのは，分配関数はゼロ点振動エネルギーの準位を基準として計算するので，$X^\ddagger$ のエネルギーが A + B のエネルギーよりも E_0 だけ高いため，$X^\ddagger$ の分配関数が A + B よりも $\exp(-E_0/RT)$ 倍小さいからである．

遷移状態 $X^\ddagger$ の特徴として，分配関数 $q_X^\ddagger$ には安定分子の分配関数とは異なる扱いが必要となる．遷移状態では，反応座標方向の核の運動に相当する振動運動は，ポテンシャルが上に凸であるため核の変位が元に戻らない．そのため，通常の振動運動として扱うことはできず，反応座標に沿って生成物に分かれていく一次元の並進運動として扱うのが適切である．このような事情から $q_X^\ddagger$ は，反応座標方向の並進運動の分配関数 $q_{rc}^\ddagger$ と，この並進運動の自由度を除いた残りの振動自由度の分配関数 $q^\ddagger$ の積であると考える．

$$q_X^\ddagger = q_{rc}^\ddagger \times q^\ddagger \tag{2}$$

反応座標方向の一次元の並進運動の分配関数 $q_{rc}^\ddagger$ は，遷移状態が反応座標に沿って δ の長さをもつと仮定すると，式(7.19)より

$$q_{rc}^\ddagger = \frac{\sqrt{2\pi\mu k_B T}}{h}\delta \tag{3}$$

と表せる．ここで μ は生成物の換算質量である．$k^\ddagger$ は $X^\ddagger$ の単分子的な減少なので s^{-1} の単位をもち，反応座標に沿った一次元の並進運動の平均速度 $\langle v_{rc} \rangle$ を，この座標上の遷移状態の長さ δ で割ったものになる．$\langle v_{rc} \rangle$ は，式(7.4)と同様に一次元のマクスウェル・ボルツマン分布の正方向の平均速度として求めると

$$\langle v_{rc} \rangle = \sqrt{\frac{2k_B T}{\pi\mu}} \tag{4}$$

であり，$X^\ddagger$ のうちの半分が正方向に進むと考えると，$k^\ddagger$ は

$$k^\ddagger = \frac{\langle v_{rc} \rangle}{2\delta} = \frac{\sqrt{k_B T/2\pi\mu}}{\delta} \tag{5}$$

となる．式(3)と(5)から

$$k^\ddagger q_{rc}^\ddagger = \frac{k_B T}{h} \tag{6}$$

となり，式(1)，(2)，(6)を式(12.15)に代入すれば式(12.16)が得られる．

$$k = \frac{k_B T}{h} \frac{q^‡}{q_A q_B} \exp\left(-\frac{E_0}{RT}\right) \tag{12.16}$$

となる．ここで q_A と q_B は A と B の分配関数，$q^‡$ は反応座標に沿う振動運動を除いた $X^‡$ の分配関数で，E_0 は A + B と $X^‡$ の 1 モルあたりのゼロ点振動エネルギーの差である．式(12.16)と式(12.1)を比較すれば，E_0 が活性化エネルギー E_a に対応し，$(k_B T/h)(q^‡/q_A q_B)$ が頻度因子 A に対応していることがわかる[16]．すなわち遷移状態理論では，A と B と $X^‡$ の分配関数を使って，頻度因子のなかの衝突断面積と立体因子の積を表していることになる．

式(12.16)で，反応座標に沿う運動の自由度を除いた遷移状態と反応物とのあいだの平衡定数として

$$K^‡ = \frac{q^‡}{q_A q_B} \exp\left(-\frac{E_0}{RT}\right) \tag{12.17}$$

とおくと，速度定数は次のように書くことができ，これを**アイリングの式**（Eyring equation）とも呼ぶ．

$$k = \frac{k_B T}{h} K^‡ \tag{12.18}$$

なお $k_B T/h$ は振動数の単位をもち，300 K で約 $6 \times 10^{12}\,\mathrm{s}^{-1}$ である．

反応物 A と B は安定分子なので，q_A と q_B を求めるのに必要な情報である分子構造や分子振動の定数は実験的に得られていることが多い．一方，$X^‡$ は安定分子として単離できない仮想的な存在なので，こうした情報を実験的に調べられない．そのため $q^‡$ の分子構造や分子振動の定数は理論計算によって求めるしかないのである．

遷移状態理論が提出されたのは，量子力学を使うことで，実験を行わなくても原子や分子の問題が正確に解けることが明らかになった時代であった．当時，それは原理的には可能であっても，かなりの難題であったが，現在では電子計算機の性能が飛躍的に向上し，非経験的分子軌道計算によって $q^‡$ を決めれば，十分な精度で反応速度が求められるようになっている．

---

[16] 式(12.16)は係数に T があり，$q^‡/q_A q_B$ にも表7.2に示したような温度依存性があるので，E_0 と E_a および $(k_B T/h)(q^‡/q_A q_B)$ と A は，厳密には等しくない．

12.4 化学反応のポテンシャルエネルギー曲面

ここまでは，反応系から生成系に至る一次元のポテンシャルエネルギー曲線を使って，活性化障壁と遷移状態を説明した（図 12.3 と図 12.7）．しかし，傍注5でも述べたように，反応物から生成物に至るまでのポテンシャルエネルギーは，反応に関わるすべての原子の相対的な位置関係の関数として，多次元空間のポテンシャルエネルギー曲面となる．

n 原子系のポテンシャルエネルギー曲面の変数の個数は，6章で述べた非直線 n 原子分子の振動運動の自由度の数である $3n - 6$ 個になる[17]．したがって A + BC → AB + C の三原子系の反応であれば，変数は3個になる．3個の変数の選び方は任意だが，AB 間の距離 r_{AB}，BC 間の距離 r_{BC}，ABC 間の角度 ∠ABC を選ぶと直感的にわかりやすい．3個の変数に対して決まるポテンシャルエネルギーを描くと四次元の図になるが，視覚的に理解できるように曲面を描くのは三次元が限界である．図 12.8 は ∠ABC を一定の値に固定し，r_{AB} と r_{BC} の値に対して決まるポテンシャルエネルギーの値を，等高線を使って表した例である．この図の等高線は，地形図の等高線と同様に，ポテンシャルエネルギーの高さを表している．

17) 並進運動と回転運動は，分子内の原子の相対的な配置を変えず，振動運動だけが原子の相対的な配置を変えるので，振動運動の自由度の数と，n 個の原子の相対的な配置の自由度の数が等しくなるからである．

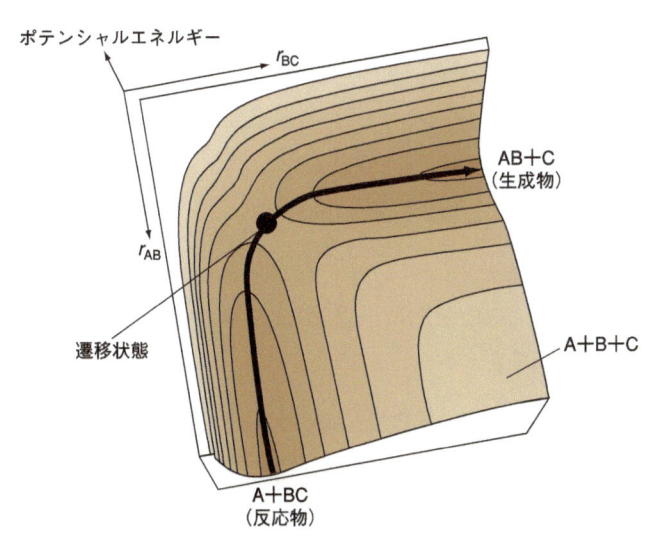

図 12.8　三原子系の反応のポテンシャルエネルギー

図 12.8 では，左下が反応入口の A + BC，右上が反応出口の AB + C に対応している．図には，A + BC から AB + C へとポテンシャルエネルギーの谷間の領域を自然に通り抜ける反応経路を実線で示してある．この経路が反応座標であり，これに沿ってポテンシャルエネルギーの値を1本の曲線として描いたものが，図 12.3 や図 12.7 である．反応座標の前半は反応物 A と BC の接近，反応座標の後半は生成物 AB と C への解離となっていて，性格の違う核座標の運動を1本につないだものとなっている．

反応座標上に●印で示した，ポテンシャルエネルギーの極大部分が遷移状態である[18]．反応座標に沿った反応経路は，遷移状態も含めて，反応座標に直交する方向にはポテンシャルエネルギーが極小となっている．したがって，反応座標は反応が起こるためのエネルギー最小の経路であり，遷移状態は反応座標上ではエネルギー最大[19]だが，この場所を越えさえすれば反応が起こる．遷移状態は A⋯B⋯C ように3個の原子 A，B，C が緩く結合した状態であるが，図 12.8 の右下の領域の r_{AB} と r_{BC} がともに大きな値を取って3個の原子がバラバラになった A + B + C の状態よりはエネルギーが低い．先にも述べたように，化学反応では，A + BC が A + B + C に完全に分かれずに遷移状態を経由して結合が組みかわり，AB + C になることがわかる．

---

[18] 遷移状態は，反応座標と直交する方向にはポテンシャルエネルギーが極小となっている．ある座標方向に極大であり，別な座標方向に極小となっている点は，乗馬の鞍に形が似ているため，数学的には鞍点と呼ばれる．

[19] これまでの例とは逆に，A + BC から形成される ABC が安定分子で，A + BC よりもポテンシャルエネルギーが低くなり，障壁が存在しない反応もある．その場合，温度を上げなくても反応は十分に起こる．このような反応は，温度が高くなって衝突エネルギーが増すと，安定な中間体を形成しにくくなり，反応速度は遅くなるので，アレニウスの式では活性化エネルギーが負の値になる．

章末問題

1. アレニウスの式の活性化エネルギーと頻度因子について説明せよ．

2. 分子が衝突する反応の場合について，頻度因子に寄与する三つの因子をあげよ．

3. 活性化エネルギーの高い反応と低い反応では，ある温度から温度を上げたときの反応速度の変化の度合いはどちらが大きいか．

4. アレニウスの式に従う反応の速度が，温度を 20℃ から 10℃ 上げたときに 3 倍になった．この反応の活性化エネルギーは何 kJ/mol か．

5. 遷移状態について説明せよ．

13 複合反応

前章までは，素反応を中心に反応機構と反応速度について学んだ．しかし，現実に起こる化学反応の多くは素反応が組み合わさった複合反応である．複合反応の基本的なパターンには可逆反応，並列反応，逐次反応があり，複雑な複合反応もこれらの組み合わせからなる．本章では複合反応を理解するために，基本的な例を題材にして，複合反応の特徴と，複雑な複合反応の扱いを簡単にするのに有力な方法である．定常状態近似について学ぶ．

KEY CONCEPT
- 可逆反応
- 並列反応
- 分岐比
- 逐次反応
- 律速階段
- 定常状態近似

13.1 可逆反応

10章で学んだように，温度や圧力などの条件が決まれば，化学反応が自発的に進む方向が決まる．このとき，反応物側から生成物側へと向かう反応を正反応と呼ぶ．11章と12章では正反応だけが起こる場合を考えてきたが，閉じた容器内の反応のように生成物が取り除かれない条件では，生成物が増えるにつれて，正反応とは逆向きの，生成物側から反応物側へと向かう逆反応も同時に起こるようになる．正反応と逆反応からなる複合反応を，**可逆反応**（reversible reaction）と呼ぶ．可逆反応が起こると，最終的に反応物と生成物の量は，平衡定数で決まる化学平衡に達する（図10.3）．すなわち，可逆反応の速度は化学平衡に達する速度を表している．

正反応と逆反応がどちらも素反応である可逆反応は，素反応を二つしか含まないもっとも単純な複合反応である．そのなかでも，

もっとも扱いが簡単な例として，正反応と逆反応がどちらも単分子反応である場合を考えよう．さまざまな有機分子や生体分子のシス体とトランス体，または α 体と β 体などのあいだの異性化反応などは，この例にあたる．正反応 A → B の速度定数を k_+，逆反応 A ← B の速度定数を k_- としよう．可逆反応であることを表すには，両方向の矢印を重ねた $\rightleftarrows$ を使う．

$$A \underset{k_-}{\overset{k_+}{\rightleftarrows}} B \tag{13.1}$$

このとき A と B の速度式は

$$\frac{d[A]}{dt} = -k_+[A] + k_-[B] \tag{13.2}$$

$$\frac{d[B]}{dt} = +k_+[A] - k_-[B] \tag{13.3}$$

となる．式を簡単にするため，時刻 $t = 0$ では A のみが存在し，B の初期濃度は $[B]_0 = 0$ とすると，A と B の濃度の和はつねに A の初期濃度 $[A]_0$ に等しい．

$$[A] + [B] = [A]_0 \tag{13.4}$$

また，正反応と逆反応の速度定数の和を k とおく．

$$k = k_+ + k_- \tag{13.5}$$

式(13.4)を式(13.2)または(13.3)に代入して，[B] を消去し，式(13.5)の関係を使うと

$$\frac{d[A]}{dt} = -k[A] + k_-[A]_0 \tag{13.6}$$

となる．式(13.6)からわかるように，可逆反応の反応速度は，式(11.9)とは違って反応物濃度のべき乗の積だけでは表せない．ただし式(13.6)は，11章の一次反応と同様の方法で簡単に解くことができ，[A] は

$$[A] = \frac{k_-}{k}[A]_0 \left\{ 1 + \frac{k_+}{k_-} \exp(-kt) \right\} \tag{13.7}$$

と表される[1]．式(13.7)は，時間によらない一定値と，一次反応による減少の和と見てとれる．式(13.4)と(13.7)から，[B]は

$$[B] = \frac{k_+}{k}[A]_0 \{1 - \exp(-kt)\} \tag{13.8}$$

となり，一次反応生成物の濃度変化を表す式(11.25)と同じになる．図13.1は$k_+/k_- = 4$でkが異なる二つの場合について，式(13.7)と(13.8)の[A]と[B]の時間変化をプロットしたものである．時間が十分長く経過すると[A]と[B]は一定値の平衡濃度$[A]_{eq}$と$[B]_{eq}$（eqはequilibrium，平衡の頭文字）になり，化学平衡に達している．ここで注意したいのは，==一次反応の可逆反応ではAの減少量とBの増加量が等しいため，AとBはそれぞれ速度定数k_+とk_-で平衡に近づくのではなく，共通の速度定数kで平衡濃度に近づくことである==[2]．このため11章で見た一次反応と同様に，$\tau = k^{-1}$を平衡に達するまでの緩和時間と考えることができる．図13.1にプロットした二つの場合から，kが大きいほど速く平衡に達することがわかる．

平衡濃度$[A]_{eq}$と$[B]_{eq}$は，式(13.7)と(13.8)において$t \to \infty$とすれば得られ，次のようにk_+とk_-の比で決まる．

$$[A] \xrightarrow[t \to \infty]{} [A]_{eq} = \frac{k_-}{k}[A]_0 \tag{13.9}$$

$$[B] \xrightarrow[t \to \infty]{} [B]_{eq} = \frac{k_+}{k}[A]_0 \tag{13.10}$$

平衡定数Kは$[A]_{eq}$と$[B]_{eq}$の比なので，Kはk_+とk_-の比に等しい．

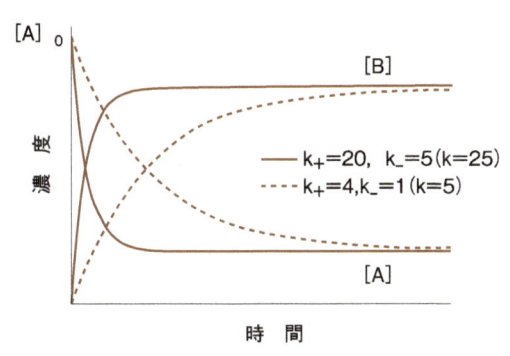

図 13.1 可逆反応における濃度の時間変化

1) 式(13.6)の両辺をkで割り，
$$\frac{d[A]}{[A] - (k_-/k)[A]_0} = -kdt$$
と変形すると，左辺を[A]，右辺をtで積分できる（積分範囲は左辺が$[A]_0 \sim [A]$，右辺が$0 \sim t$）．左辺の積分に
$$\int_a^b (x+c)^{-1}dx = \ln\left|\frac{b+c}{a+c}\right|$$
の関係を使うと，
$$\ln\frac{[A] - (k_-/k)[A]_0}{[A]_0 - (k_-/k)[A]_0} = -kt$$
が得られる（この場合，aに対応する$[A]_0$，bに対応する$[A]$ともに，cに対応する$-(k_-/k)[A]_0$よりも絶対値が大きいので，絶対値記号を外せる）．この等式に，$X = Y$であれば$e^X = e^Y$であることを適用し，$e^{\ln X} = X$と式(13.5)の関係を使って整理すると，式(13.7)が得られる．

2) この可逆反応ではAとBの総量が一定なので，$[A] + [B] = [A]_{eq} + [B]_{eq}$であることに注意して，式(13.5)と(13.12)を，式(13.2)および(13.3)に代入すると，
$$d([A] - [A]_{eq})/dt = -k([A] - [A]_{eq})$$
および
$$d([B] - [B]_{eq})/dt = -k([B] - [B]_{eq})$$
と書ける．したがって，平衡からのずれ$[A] - [A]_{eq}$および$[B] - [B]_{eq}$は，共通の時定数k^{-1}でゼロに近づくことがわかる．

$$K = \frac{[\mathrm{B}]_{\mathrm{eq}}}{[\mathrm{A}]_{\mathrm{eq}}} = \frac{k_+}{k_-} \tag{13.11}$$

物質濃度に見かけ上の変化がない化学平衡では，正反応と逆反応の反応速度がつり合っているので，

$$k_+[\mathrm{A}]_{\mathrm{eq}} = k_-[\mathrm{B}]_{\mathrm{eq}} \tag{13.12}$$

の関係が成り立つ[3]．したがって，正反応と逆反応がどちらも素反応である場合は，式(13.11)のように平衡定数が正反応と逆反応の速度定数，k_+とk_-の比に等しくなるのである．

13.2 並列反応

ここまでは反応物と生成物が1：1に対応している反応だけを考えてきたが，実際には，同じ反応物から異なる生成物を生じる反応が同時に起こることも多い．このような反応を**並列反応**（parallel reaction）と呼ぶ．たとえば置換ベンゼンに新たな置換基を導入する反応のように，異性体を生じる反応は並列反応である[4]．また，水素燃焼の連鎖反応で重要な役割をもつHO_2ラジカルとH原子の素反応では，OH + OH，$\mathrm{H}_2 + \mathrm{O}_2$，$\mathrm{H}_2\mathrm{O}$ + H の三つの異なる経路の反応が並列して起こる．

もっとも単純な並列反応として，次のような二つの一次反応の並列反応を考えよう．それぞれの反応の速度定数をk_1，k_2とし，その和をkとおく．

$$\mathrm{A} \xrightarrow{k_1} \mathrm{P} \tag{13.13}$$
$$\mathrm{A} \xrightarrow{k_2} \mathrm{Q} \tag{13.14}$$
$$k = k_1 + k_2 \tag{13.15}$$

このときの速度式は

---

3) 化学平衡における正反応と逆反応のつり合いを表す式(13.12)は，AとBの濃度に変化がなくなった状態として，式(13.2)または(13.3)において$d[\mathrm{A}]/dt = 0$または$d[\mathrm{B}]/dt = 0$とおくことでも得られる．

4) たとえばトルエンのニトロ化では，o-ニトロトルエンとp-ニトロトルエンが生成する．

$$\frac{d[A]}{dt} = -k[A] \tag{13.16}$$

$$\frac{d[P]}{dt} = k_1[A] \tag{13.17}$$

$$\frac{d[Q]}{dt} = k_2[A] \tag{13.18}$$

となる.Aの減少の速度定数はPとQを生成する反応の速度定数の和であり,Aの初期濃度を$[A]_0$とすると,$[A]$の時間変化は11章で扱った単純な一次反応の式(11.21)と同じになる.

$$[A] = [A]_0 \exp(-kt) \tag{13.19}$$

生成物PとQについても,式(11.25)で初期濃度を0としたものと同じかたちになる.

$$[P] = \frac{k_1}{k}[A]_0 \{1 - \exp(-kt)\} \tag{13.20}$$

$$[Q] = \frac{k_2}{k}[A]_0 \{1 - \exp(-kt)\} \tag{13.21}$$

図13.2は,並列反応の反応物Aと,生成物PとQの時間変化の式(13.19)〜(13.21)をプロットしたもので,Pの生成量はつねにQの生成量のk_1/k_2倍になっている.PとQの生成量の比$k_1:k_2$を**分岐比**(branching ratio)と呼ぶ.

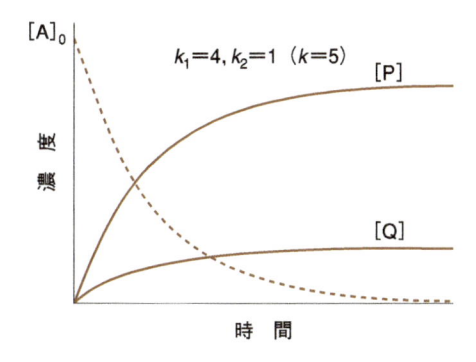

図 13.2 並列反応における濃度の時間変化

ここで注意したいのは，生成物 P と Q の生成量の増加の時間依存性がどちらも同じ $\{1 - \exp(-kt)\}$ となっている点である．P の生成は $\{1 - \exp(-k_1 t)\}$，Q の生成は $\{1 - \exp(-k_2 t)\}$ となるように思いがちであるが，これは誤りである．P と Q の生成量の時間変化は A の存在量の時間変化に比例しているため，どちらも A の時間変化に追随したものになる．したがって，P または Q の生成量の時間変化だけから，k_1 や k_2 を直接決めることはできない．k_1 と k_2 を決めるのに必要な情報は，分岐比 $k_1 : k_2$ である．分岐比がわかれば，A の減少か，P または Q の増加の時間依存性から得られる $k = k_1 + k_2$ の値を使って，k_1 と k_2 の絶対値を決められる．

13.3 逐次反応

一つの素反応の生成物が次の反応の反応物となって連鎖的に起こる反応を**逐次反応**または**連続反応**（consecutive reaction）という．14 章でも扱うように，光励起過程に続くオゾン層の生成や破壊，酵素触媒反応，燃焼や爆発，重合などの連鎖反応など，多くの複合反応は，さまざまな素反応が組み合わさった逐次反応である．本節では簡単な例をとおして，逐次反応の速度を支配する律速過程が，連続する素反応の速度定数の大小関係によってどう変わるかを学ぶ．

ここでも，もっとも単純な逐次反応として，反応速度定数が k_1 と k_2 の二つの単分子反応が連続する場合[5]を見てみよう．

$$A \xrightarrow{k_1} B \xrightarrow{k_2} C \tag{13.22}$$

簡単のため，時刻 $t = 0$ では A のみが存在し，B と C の初期濃度は $[B]_0 = [C]_0 = 0$ とする．したがって A と B と C の濃度の和は次の関係にある．

$$[A] + [B] + [C] = [A]_0 \tag{13.23}$$

A，B，C の速度式は

---

[5] 原子力発電の核燃料のなかでは，核分裂しにくい ^{238}U が中性子を吸収して ^{239}U となり，この例のように

$$^{239}\text{U} \xrightarrow[23.5分]{半減期} {}^{239}\text{Np} \xrightarrow[2.36日]{半減期} {}^{239}\text{Pu}$$

とベータ崩壊を 2 回起こして，核兵器の材料になるプルトニウムになる．

$$\frac{d[A]}{dt} = -k_1[A] \tag{13.24}$$

$$\frac{d[B]}{dt} = k_1[A] - k_2[B] \tag{13.25}$$

$$\frac{d[C]}{dt} = k_2[B] \tag{13.26}$$

となる．第一の反応 A → B は単純な一次反応なので，式(11.21)と同様に A の時間変化は指数関数的な減少になる．

$$[A] = [A]_0 \exp(-k_1 t) \tag{13.27}$$

次に B の濃度の時間変化を求めるために，式(13.27)を式(13.25)に代入すると，

$$\frac{d[B]}{dt} = k_1[A]_0 \exp(-k_1 t) - k_2[B] \tag{13.28}$$

となり，これを $[B]_0 = 0$ の初期条件で解くと

$$[B] = \frac{k_1[A]_0}{k_1 - k_2} \{\exp(-k_2 t) - \exp(-k_1 t)\} \tag{13.29}$$

が得られる[6]．最後に C の濃度の時間変化は，式(13.23)に式(13.27)と(13.29)を代入して次のように求められる．

$$[C] = [A]_0 \left[1 + \frac{1}{k_1 - k_2}\{k_2 \exp(-k_1 t) - k_1 \exp(-k_2 t)\}\right] \tag{13.30}$$

式(13.27), (13.29), (13.30)で表される A, B, C の濃度の時間変化を図 13.3 に示した．k_1 の値は共通で $k_2 = 0.1 k_1$, k_1, $10 k_1$ の三つの場合をプロットしてある．どの場合でも，A の減少とともに B が増加し，B の減少とともに C が増加している[7]．簡単に予想できるように，第二段階の反応が速い（k_2 が大きい）ほど，一時的に生成する B の濃度は低くなる．

ここで二つの素反応の速度 k_1 と k_2 の大小関係と逐次反応全体の速度の関係を見てみよう．とくに $k_1 \gg k_2$ の場合[8]，$\exp(-k_1 t) \ll \exp(-k_2 t)$ とみなせるので，式(13.29)と(13.30)はそれぞれ

[6] 式(13.28)を解く一つの方法は，$[B] = f(t) \exp(-k_2 t)$ とおいて式(13.28)に代入し，$f(t)$ の微分方程式 $df(t)/dt = k_1[A]_0 \exp\{-(k_1 - k_2)t\}$ を初期条件に合わせて解く方法で，「定数変化法」と呼ばれる．なお $k_1 = k_2$ の場合，$f(t)$ の微分方程式は $df(t)/dt = k_1[A]_0$ となり，これを解くと $[B] = [A]_0 k_1 t \exp(-k_1 t)$ となる．

[7] 式(13.22)から，B は k_1 で増加し，k_2 で減少すると考えがちだが，B の増加・減少の速度と，k_1 と k_2 の対応には注意が必要である．式(13.29)は分母の $k_1 - k_2$ の正負によって { } 内の第1項と第2項の役割が変わる．そのため $k_1 > k_2$ ならば式(13.22)のイメージどおり B は k_1 で増加し k_2 で減少するが，逆に $k_1 < k_2$ ならば B は k_2 で増加し k_1 で減少する．この違いが式(13.31)と式(13.33)の違いに現れている．

[8] $a \gg b$ は，a が b よりずっと大きく，a に対して b を無視できることを表す．

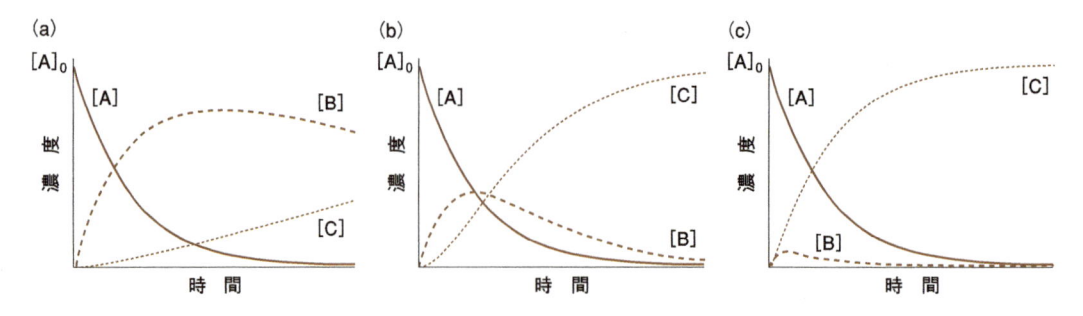

図 13.3　逐次反応における濃度の時間変化
(a) $k_2 = 0.1\,k_1$,　(b) $k_2 = k_1$,　(c) $k_2 = 10\,k_1$

$$[\mathrm{B}] \approx [\mathrm{A}]_0 \exp(-k_2 t) \tag{13.31}$$

$$[\mathrm{C}] \approx [\mathrm{A}]_0 \{1 - \exp(-k_2 t)\} \tag{13.32}$$

9) $a \approx b$ は，a と b が近似的に等しいことを表す．

となって[9]，B と C の濃度変化の式は初期濃度 $[\mathrm{A}]_0$ の B から始まる単分子反応 B → C と同じになる．このとき，C の生成速度は，反応速度が遅い第二段階（B → C）の速度定数 k_2 で決まっている．このように，遂次反応では反応速度がもっとも遅い段階の素反応の速度が全体の反応速度を左右する．遂次反応全体の反応速度を決めている素反応を**律速段階**（rate determining step）と呼ぶ．この場合は B → C が律速段階である．図 13.3(a) の $k_2 = 0.1\,k_1$ の例は $k_1 \gg k_2$ の条件に近く，第一の反応で A の大部分が B になった後，第二の反応でゆっくりと C が生成していることがわかる．

これとは逆に $k_1 \ll k_2$ の場合，式(13.29)と(13.30)はそれぞれ

$$[\mathrm{B}] \approx \frac{k_1 [\mathrm{A}]_0}{k_2} \exp(-k_1 t) = \frac{k_1}{k_2}[\mathrm{A}] \tag{13.33}$$

$$[\mathrm{C}] \approx [\mathrm{A}]_0 \{1 - \exp(-k_1 t)\} \tag{13.34}$$

となる．この場合，反応速度が遅い第一の反応（A → B）が律速段階になる．そのため，$[\mathrm{C}]$ の時間変化は律速段階の速度定数 k_1 で決まり，11 章で見た A → B の単分子反応の生成物濃度の時間変化の式(11.21)と同じものになって，見かけ上は直接 A → C の反応が起こっているかのようになる．$k_1 \ll k_2$ なので，B はすぐに C に変わり，式(13.33)が示すように B の濃度は最大でも $[\mathrm{A}]_0$ の k_1/k_2 倍程度にしかならず，非常に小さい値にとどまる．図 13.3(c) の

$k_2 = 10\,k_1$ の例がこれに対応している．この例のように，逐次反応においてつねに濃度が低い中間体があるときには，次に見る定常状態近似を使って複合反応の取り扱いを簡単にすることができる．

13.4 定常状態近似

前節までで扱った複合反応は，二つの単分子反応しか含まない単純なものだったため，速度式が表す微分方程式も簡単に解けた．しかし実際の複合反応では，単分子反応だけでなく二分子反応も複雑に絡み合って進行し，ある物質が複数の反応の反応物になるとともに，複数の反応の生成物にもなり，速度式を解くことは非常に難しい．このようなときに有用なのが，低濃度の中間体の濃度変化をゼロとおき，複雑な速度式を単純化する，**定常状態近似**（stationary state approximation）である．

複雑な複合反応では，初期には存在しなかった反応性の高い中間体が途中段階で生成して，複合反応の進行に大きな役割を果たしている場合が多い．このような中間体は，生成する反応の速度は遅いが，できた中間体の反応性は高いため，速やかに反応して消費され，濃度は低く保たれる．そのため濃度変化の大きさも他の物質に比べて無視できるほど小さく，中間体の濃度変化をゼロとおいても，他の物質の濃度変化を解く際に大きな影響を与えず，定常状態近似が有効となる．

前節の逐次反応で最後に取りあげた $k_1 \ll k_2$ の場合を例にとって，定常状態近似がどのように働くかを見てみよう．このとき図 13.3(c) の B が，濃度の低い[10]中間体にあたるので，B に定常状態近似を適用すると，式(13.25)は

$$\frac{d[B]}{dt} = k_1[A] - k_2[B] = 0 \tag{13.35}$$

となり，B の定常状態濃度 $[B]_{ss}$（ss は stationary state の略）が

$$[B]_{ss} = \frac{k_1[A]}{k_2} = \frac{k_1[A]_0}{k_2}\exp(-k_1 t) \tag{13.36}$$

と得られる．この $[B]_{ss}$ を式(13.26)に代入すると，C の定常状態

[10] 反応性が高い中間体は安定に存在しないので，前節で扱ったように，B の初期濃度はゼロなのが自然である．

濃度も

$$[C]_{ss} = [A]_0 \{1 - \exp(-k_1 t)\} \tag{13.37}$$

と得られる．式(13.36)と(13.37)は，それぞれ $k_1 \ll k_2$ の逐次反応の式(13.33)と(13.34)と一致しており，予想通りの結果になっている．図 13.4 には，$k_2 = 10\, k_1$ の例について，前節の式(13.27)，(13.29)，(13.30)の厳密解で表される A，B，C の濃度変化とともに，式(13.36)と(13.37)の定常状態の B と C の濃度変化をプロットした．時間 t がある程度大きくなると，定常状態近似は厳密解をよく再現している[11]．

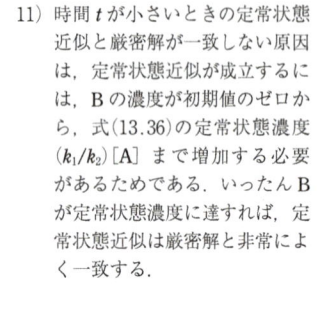

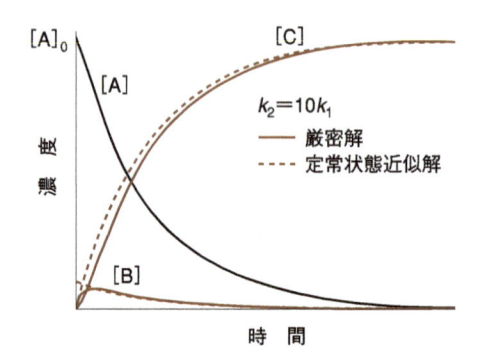

11) 時間 t が小さいときの定常状態近似と厳密解が一致しない原因は，定常状態近似が成立するには，B の濃度が初期値のゼロから，式(13.36)の定常状態濃度 $(k_1/k_2)[A]$ まで増加する必要があるためである．いったん B が定常状態濃度に達すれば，定常状態近似は厳密解と非常によく一致する．

図 13.4　逐次反応の定常状態近似

$[B]_{ss}$ は，式(13.35)において $[B]$ の時間変化をゼロとおいて得た定常状態でありながら，式(13.36)は $[B]_{ss}$ が時間変化するかたちになっており，一見奇妙である．ここで，式(13.36)の $[B]_{ss}$ の時間微分をとってみると

$$\frac{d[B]_{ss}}{dt} = \frac{k_1}{k_2} \frac{d[A]}{dt} \tag{13.38}$$

なので，$[B]_{ss}$ は式(13.38)に従って変化する．$[B]_{ss}$ の時間変化はゼロではないが，$k_1 \ll k_2$ であれば，$[A]$ や $[C]$ の時間変化に比べて非常に小さいため，式(13.38)をゼロとみなすことができ，定常状態近似が成り立つ．「定常」という言葉の与える印象から誤解が生じがちだが，定常状態近似の核心は，濃度の低い B の生成速度と消失速度が"ほぼ"つり合っていることであって，[B] が一

定ということではないのである．

[C]の定常状態濃度を得るために，式(13.36)の $[B]_{ss} = (k_1/k_2)$ [A] を式(13.26)に代入すると，Cの速度式は

$$\frac{d[C]}{dt} = k_1[A] \tag{13.39}$$

となり，$k_1 \ll k_2$ のときは見かけ上，A→Cの反応が直接起きているかのようになる．このように定常状態近似でBの生成速度と消失速度がつり合っていることを使うと，速度式を簡単にして，問題を解きやすくするとともに，複合反応の機構の見とおしもよくなる．

ここで見た例では，前節で見たようにもともと解析的な解が得られているので，定常状態近似の利点がわかりにくいが，複合反応はこの例より少し複雑になっただけでも解析的な解を得ることができない．そのため，次節や14章で取りあげるように，定常状態近似は多くの複合反応に適用される．

13.5 可逆反応と逐次反応からなる複合反応

現実の複合反応は，この章の前半で説明した可逆反応，並行反応，逐次反応の組み合わせになっている．ここでは一つの典型として，可逆反応と逐次反応からなる単純な複合反応[12]に定常状態近似を適用し，複合反応を構成する素反応の速度定数や物質の濃度の大小関係によって，速度式も変わることを見てみよう．

第一の反応として，反応物Aから中間体Xと生成物Pが生成する正反応 A→X+P と，これが反応物Aに戻る逆反応 A←X+P からなる可逆反応を考える．正反応の速度定数を k_1，逆反応の速度定数を k_{-1} とする．第二の反応は，中間体Xが別の反応物Bと反応して，別の生成物Qを与え，その速度定数を k_2 とする．

$$A \underset{k_{-1}}{\overset{k_1}{\rightleftarrows}} X + P \tag{13.40}$$

$$X + B \xrightarrow{k_2} Q \tag{13.41}$$

中間体Xは，一分子のAから生成し，一分子のBと反応して消費されるので，全体の反応は見かけ上は，次のように書ける．

12) この複合反応には，可逆反応で平衡に近い状態（前駆平衡や部分平衡とも呼ぶ）が成立してから最終生成物が生成する場合が含まれ，14章で取りあげる酵素触媒反応や単分子反応がこれにあたる．

$$A + B \xrightarrow{k} P + Q \tag{13.42}$$

　この複合反応の速度式の解は複雑な関数になるので，中間体Xに定常状態近似を適用して解いてみよう．中間体Xの生成反応と消失反応の速度がつり合うので，

$$\frac{d[X]}{dt} = k_1[A] - k_{-1}[X][P] - k_2[X][B] = 0 \tag{13.43}$$

の関係が成り立ち，Xの定常状態濃度 $[X]_{ss}$ は次のようになる．

$$[X]_{ss} = \frac{k_1[A]}{k_{-1}[P] + k_2[B]} \tag{13.44}$$

　この反応では，Xについて定常状態近似が成り立っていれば，AとBの消失速度，ならびにPとQの生成速度はどれも全体の反応速度 v に等しくなる[13]．Bの減少速度またはQの生成速度はどちらも $k_2[X][B]$ なので

$$\begin{aligned} v &= -\frac{d[A]}{dt} = -\frac{d[B]}{dt} = \frac{d[P]}{dt} = \frac{d[Q]}{dt} \\ &= k_2[X][B] \end{aligned} \tag{13.45}$$

となる．これに式(13.44)の $[X]_{ss}$ を代入すると，反応速度は次のように表される[14]．

$$v = \frac{k_1 k_2 [A][B]}{k_{-1}[P] + k_2[B]} \tag{13.46}$$

　ここで，式(13.46)の分母の $k_{-1}[P]$ と $k_2[B]$ のうち一方が，もう一方を無視できるほど大きい場合は，反応速度の式は単純になる．まず $k_{-1}[P] \gg k_2[B]$ の場合，式(13.40)の可逆反応で平衡状態に速やかに達し，それに続いて式(13.41)の反応がゆっくり進行することになる．このとき反応速度は

$$v = \frac{k_1 k_2}{k_{-1}} \frac{[A][B]}{[P]} = k' \frac{[A][B]}{[P]} \tag{13.47}$$

となり，$k' = k_1 k_2 / k_{-1}$ が定数となる．この場合，Pが最初から大量

---

13) 式(13.40)から得られる速度式
$-d[A]/dt = d[P]/dt$
$= k_1[A] - k_{-1}[X][P]$
に式(13.43)の定常状態近似を代入すると，
$-d[A]/dt = d[P]/dt$
$= k_2[X][B]$
となる．

14) もし式(13.42)自体が本当の素反応であれば，それはA + Bの二分子反応なので，反応速度が $v = k[A][B]$ と表される二次反応になり，速度定数 k は一定の値をとる．しかし式(13.42)は複合反応を表しているので，反応速度は式(13.46)のように，反応の間に変化する [B] と [P] を分母に含む複雑な式になり，単純に [A] と [B] の積には比例しない．

に存在していて，第一の反応で生成するPによる[P]の変化が無視できるならば，速度式は，見かけ上の速度定数が $k'/[\text{P}]$ である二次反応になる．これとは逆に $k_{-1}[\text{P}] \ll k_2[\text{B}]$ の場合，Xが生成すれば式(13.41)の反応がすぐに起こるため，Xを生成する式(13.40)が律速反応となるので，反応速度は

$$v = k_1[\text{A}] \tag{13.48}$$

となり，Aの一次反応になる．このように複合反応では，関係する反応の速度定数や物質濃度の大小関係によって，見かけ上の反応次数も変わってくるのが特徴である．

章末問題

1. ^{74}As の放射性崩壊は半減期17.77日で，^{74}Ge を生じる β^- 崩壊と ^{74}Se を生じる電子捕獲が同時に生じる．この並列反応の分岐比は前者が34%で後者が66%である．二つの反応の速度定数をそれぞれ求めよ．

2. 可逆反応 $\text{A} \underset{k_{-1}}{\overset{k_1}{\rightleftarrows}} \text{B}$ の素反応の速度定数が $k_1 = 80\,\text{s}^{-1}$，$k_{-1} = 5\,\text{s}^{-1}$ であるとき，この反応の平衡定数を求めよ．

3. 律速段階について説明せよ．

4. 単分子反応の逐次反応 $\text{A} \xrightarrow{k_1} \text{B} \xrightarrow{k_2} \text{C}$ において，BとCの初期濃度がゼロのとき，中間生成物Bの濃度が最大となる時間を k_1 と k_2 で表せ．

5. 五酸化二窒素 N_2O_5 の熱分解反応 $\text{N}_2\text{O}_5 \rightarrow 2\text{NO}_2 + 1/2\text{O}_2$ は，次の素反応からなる複合反応である．反応中間体のNOと NO_3 の濃度に定常状態近似を用いて，N_2O_5 の熱分解の速度式が一次反応で表されることを示せ．

$$\text{N}_2\text{O}_5 \underset{k_{-1}}{\overset{k_1}{\rightleftarrows}} \text{NO}_2 + \text{NO}_3$$
$$\text{NO}_2 + \text{NO}_3 \xrightarrow{k_2} \text{NO} + \text{O}_2 + \text{NO}_2$$
$$\text{NO} + \text{NO}_3 \xrightarrow{k_3} 2\text{NO}_2$$

Column "メタンハイドレート"に託す夢

　化石エネルギー資源は石炭から石油へ変わり，そして次第に天然ガスが大きな割合を占めるようになっている．その次，第四のエネルギー資源としてのメタンハイドレート（MH）に対する期待は大きい．

　これまで，MHの探索はおもに太平洋南海沖あるいは北海道周辺海域で行われていたが，日本海の新潟沖海底の地表にも大量のMHがあることが確認されている．日本近海は世界最大のMH埋蔵量をもっているとされる．現在のところは採掘コストが高く，採算がとれないようだが，採掘しやすいところでのMH埋蔵の発見や技術の進歩による採掘コストの低下によって，あるいはまた石油の埋蔵量が少なくなって石油の価格が上昇すると，MHが主要なエネルギー源となる可能性がある．そうなればわが国はエネルギー資源大国となるであろう．

　MHは，図Aのように水分子からなるかご（ケージ）のなかにメタン分子がホストとして1個ずつ包接されたものである．一般的にはメタンだけでなく，エタンなどの炭化水素，あるいは水素，二酸化炭素などさまざまな気体分子をホストとして包接したものが存在し，それらはガスハイドレート（気体包接化合物）（GH）と呼ばれる．MHはS型のかごであるが，ホスト分子が大きくなるとM型，L型のようにかごの構造は変化する．

　GH結晶は，低温あるいは高圧の条件で安定に存在する．図Bはいろいろな GH 結晶の安定領域を示すもので，安定領域はそれぞれの図の線より低温あるいは高圧側である．たとえばメタンについて0℃の温度で見ると，2〜3 MPaの圧力でMH結晶の安定領域に入る．これは海底200〜300 mの深さの圧力に相当する．

　メタンの発生源としては，生物によるものと，マントルから発生する非生物的なものがあるが，現在報告されているMHを構成するメタンは，炭素の同位体[13]Cの割合が少ないことから，堆積有機物の分解から生じた生物起源と考えられている．

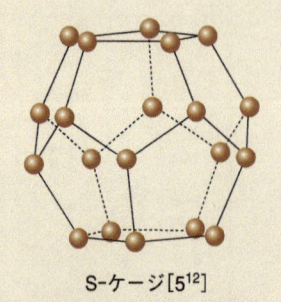

S-ケージ[5^12]

図A　五角形を面とする12面体のMHのかご構造（S型ケージ）

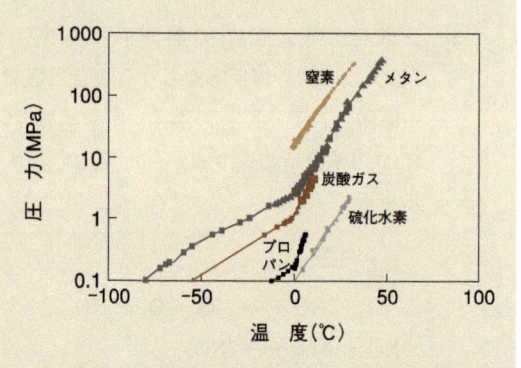

図B　ガスハイドレート（GH）の相図

14 さまざまな化学反応

反応速度についての基本的な概念を 11 章から 13 章で学んだ．本章では，光化学反応，触媒反応，連鎖反応などの身近に起こる反応とこれらの概念を結びつける．また，気相の単分子反応の速度の圧力依存性を定常状態近似で説明し，溶液中の反応に特有のカゴ効果と溶媒効果について簡単に解説する．

> **KEY CONCEPT**
> - 光化学反応
> - 触媒
> - 酵素触媒反応
> - 連鎖反応
> - 単分子反応機構
> - カゴ効果
> - 溶媒効果

14.1 光化学反応

6 章で学んだように，原子や分子のなかの電子の運動は，分子の振動や回転の運動に比べて量子化されたエネルギー準位の間隔が非常に大きく（図 6.9，表 6.3），温度にすると 1 万 K 以上にも相当する．そのため常温の分子は電子基底状態に分布していて，通常の熱励起では振動運動の励起しかできないが，多くの分子は可視光線（波長 400〜700 nm 程度）や紫外線（波長 400 nm 程度以下）のエネルギーによって電子励起状態へ遷移する（図 6.4）[1]．電子励起した分子は熱励起では起こさないような反応を起こすので，光励起による反応をとくに**光化学反応**（photochemical reaction）と呼ぶ．

図 14.1 には，電子基底状態（S_0 状態）から電子励起状態（S_1 状態）に光励起された分子がエネルギーを失う過程を示した．S_0 と S_1 の二つの状態は**一重項**（singlet）と呼ばれ，図には**三重項**（triplet）の励起状態（T_1 状態）も示してある．一重項，三重項[2]とは，電子スピン（図 14.1 の↑と↓）の組み合わせが異なる電子状態（多重項）で，異なる多重項の間の光遷移は起こりにくい．

[1] 式(1.2)のように分子の電子励起状態と電子基底状態のエネルギー差にちょうど一致するエネルギーをもつ光が光吸収を起こす（図 1.4）．原子や分子，物質ごとに電子状態のエネルギー間隔は異なるため，吸収される可視光線の波長も変化に富んだものとなり，私たちの目には身のまわりの世界が色彩に満ちて映るのである．

2) 図14.1でS_1とT_1は分子軌道の電子配置は同じだが，もっともエネルギーの高い2個の電子のスピンの組み合わせがS_1では↑↓，T_1では1個が反転して↑↑となっている．2個の電子を区別すると，↑と↓の組み合わせは全部で四通りあり，そのうち↑↓ − ↓↑の一通りが一重項に属し，↑↑，↑↓ + ↓↑，↓↓の三通りが三重項に属する．多くの安定分子は偶数個の電子をもち，電子基底状態ではエネルギーの低い分子軌道から順に電子が↑と↓のペアで収容されて一重項となることが多く，これをS_0と記す．一重項の電子励起状態はエネルギーが低いほうから順にS_1, S_2, S_3, …，三重項の電子励起状態も同様にT_1, T_2, T_3, …，と名づける．

3) 広い意味での蛍光は，$S_1 \rightarrow S_0$遷移だけでなく，電子スピンの多重度が同じ電子状態間の遷移による発光を指す．

4) 図14.1に示したS_1と同じ多重項のS_0への無放射遷移は**内部転換**（internal conversion；IC）と呼ばれる．項間交差も内部転換も，S_1からの遷移直後には，S_1と同じエネルギーをもつ振動励起したT_1やS_0状態が生成する．

5) スピン多重度が異なる状態間の遷移の発光は，りん光と呼んで，蛍光と区別する．

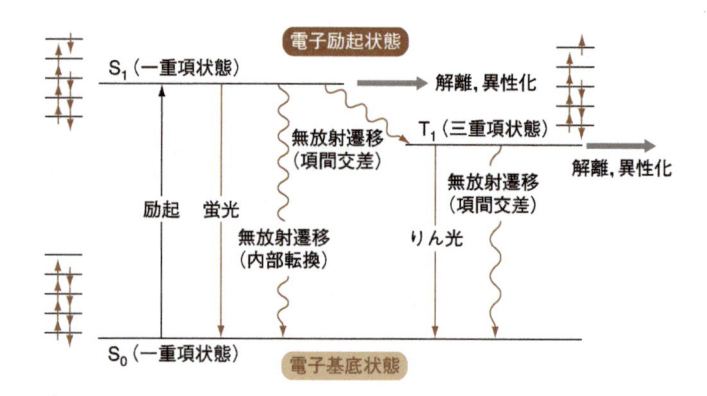

図 14.1　光励起された分子がエネルギーを失う過程

光遷移の確率は吸収と放出で共通なので，光を吸収しやすい分子は発光も起こしやすい．そのため電子励起状態S_1のエネルギー緩和のおもな過程は，光を放出してS_1からS_0へ戻る**蛍光**（fluorescence）である[3]．励起状態の寿命は，遷移強度が強い場合でnsからμs程度以下である．

蛍光をださずに別の電子状態へ遷移する過程は**無放射遷移**（non-radiative transition）と呼ばれる（図14.1の波線の矢印）．蛍光が弱い分子やS_1とT_1の相互作用が強い分子では，S_1からのエネルギー緩和過程として$S_1 \rightarrow T_1$の無放射遷移が重要になる．異なる多重項間の無放射遷移は，**項間交差**（intersystem crossing；ISC）と呼ばれる[4]．T_1に無放射遷移した分子は，最終的には$T_1 \rightarrow S_0$遷移で電子基底状態へ戻るが，この光遷移の確率は非常に低いので，**りん光**（phosphorescence）[5]と呼ばれる弱い発光が長く続き，三重項状態の寿命はmsを超えて秒の桁にもおよぶ．

蛍光やりん光をだす前に光励起で得たエネルギーで分子の振動運動が励起されると，解離や異性化などの光化学反応を起こすこともある．光励起で与えられたエネルギーが，分子のなかの原子間の結合エネルギーより大きい場合には，その結合が切断されて光解離が起こりうる．安定な分子が光解離すれば，反応性の高い原子やラジカルが生成し，さまざまな反応を引き起こす．そのため光解離は，大気化学で重要な役割を果たしている．また，光励起で与えられたエネルギーが，分子の構造変化の活性化障壁よりも大きければ，光異性化が起こる．たとえば人間の視覚も，視細胞の色素が光吸収に

よって異性化することで電気信号の伝達が始まる．

　蛍光や無放射過程，解離・異性化などの過程は，どれも光励起された分子が単独で起こすので単分子反応になる．図 14.1 には示していないが，それ以外に他の原子や分子との衝突による二分子反応でエネルギーを失って電子基底状態などへ移る**失活**（deactivation）過程がある．蛍光やりん光をだす状態の失活は発光が弱くなるので，とくに**消光**（quenching）と呼ぶ．消光過程は，周囲の原子や分子の圧力が高くなるほど起こりやすくなり，光励起された分子が失ったエネルギーは，光励起分子に衝突した原子や分子に移動する．このエネルギー移動で電子励起した原子や分子が起こす反応は，光増感反応と呼ばれる．

　励起状態がエネルギーを失う過程は先にあげたどれか一つだけが起こるとは限らないで，競合することも多い．その場合，13 章で説明した並列反応として扱うことになる．たとえば蛍光の速度定数を k_f，項間交差の速度定数を k_{ISC}，消光の速度定数を k_Q，励起分子を消光する分子を Q とすると

Advanced　　　　　　　　　　オゾンの光化学

　成層圏（高度約 10〜50 km）では，高度 20 km 前後でオゾン O_3 の存在量が最大となるため，これをオゾン層と呼んでいる．オゾン層は，波長約 240 nm 以下の紫外線による O_2 の光解離で O 原子が生じ，これが周囲の O_2 と結合して O_3 を生成することで形成される．

$$O_2 + h\nu \rightarrow O + O \tag{1}$$
$$O + O_2 + M \rightarrow O_3 + M \tag{2}$$

O_3 分子は波長約 200〜300 nm の紫外線をよく吸収するため，オゾン層は生物に有害なこれらの紫外線が地上に届くことを防いでいる．この紫外線によって O_3 は O と O_2 に光解離するが，

$$O_3 + h\nu \rightarrow O + O_2 \tag{3}$$

反応 (2) によってすぐに O_3 に戻るため，オゾン層の濃度は一定に保たれる．

　人間が排出したフロン類（$CFCl_3$ など）がオゾン層の破壊で問題となっているのは，フロン類が成層圏での紫外線によって光解離し，塩素原子 Cl を放出するためである．

$$CFCl_3 + h\nu \rightarrow CFCl_2 + Cl \tag{4}$$

Cl 原子は，O_3 を O_2 に戻す反応を繰り返し起こす．

$$Cl + O_3 \rightarrow ClO + O_2 \tag{5}$$
$$ClO + O \rightarrow Cl + O_2 \tag{6}$$

式 (5) と (6) を合わせると

$$O + O_3 \rightarrow O_2 + O_2 \tag{7}$$

となり，Cl は O_3 消失反応の触媒の役割を果たしているといえる．

　人類にとって O_3 は，成層圏では善玉だが，地表付近では光化学スモッグのように悪玉として働く．地表付近の O_3 は，NO_2 分子が日中の紫外線によって光解離して O 原子を生成し，

$$NO_2 + h\nu \rightarrow NO + O \tag{8}$$

これが反応 (2) で O_2 と結合するために生成する．

$$S_1 \xrightarrow{k_f} S_0 + h\nu \tag{14.1}$$

$$S_1 \xrightarrow{k_{ISC}} T_1 \tag{14.2}$$

$$S_1 + Q \xrightarrow{k_Q} S_0 + Q \tag{14.3}$$

となるが，Q は大量に存在するとみなせることが多く，その場合 S_1 の減少は，速度定数が $k_f + k_{ISC} + k_Q[Q]$ の一次反応として扱うことができる．

14.2 触媒反応

14.2.1 触 媒

12章で学んだように，多くの化学反応には活性化エネルギーがあり，室温では反応速度が非常に遅い反応もある．工業生産や生体内の反応のように，化学反応を利用する立場からは，できるだけ少量の反応物から望みの生成物をできるだけ速く大量に得る効率の高さが求められ，より簡単な方法で反応速度を速くすることが重要な問題である．

反応速度を上げる一つの方法は，温度を上げて活性化障壁を越えるエネルギーをもつ分子の割合を増やすことであるが，要求される反応速度を得るにはかなりの高温が必要になる場合や，温度を上げると目的の正反応ではなく逆反応が有利になる場合があり，温度を上げるだけでは目的を達成できないことも多い．

温度を上げる以外に，化学反応の速度を上げる有力な方法は，**触媒**（catalyst）を用いることである．

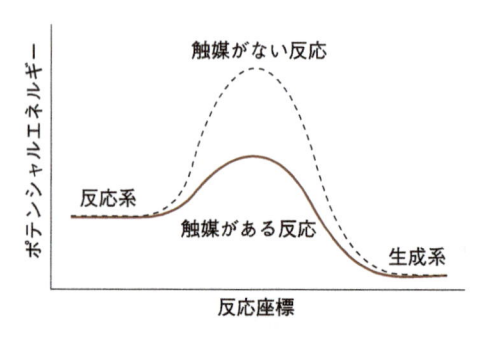

図 14.2 触媒反応

$$A + B \rightarrow P + Q \tag{14.4}$$

という反応において，触媒 M は，

$$A + B + M \rightarrow P + Q + M \tag{14.5}$$

のように化学反応の前後で消費されないので，実質的に起こる反応は元の式(14.4)と同じである[6]．しかし触媒があると，図 14.2 に示したように触媒がない場合よりも活性化障壁の低い別の反応経路が開かれ，反応速度は大きくなる．適切な触媒を用いると，より簡便な条件で効率よく反応を起こすことができるので，化学工業ではほとんどの反応プロセスで触媒が用いられており，生体内反応でも触媒（酵素）は欠かせない[7]．

触媒はどのようにして活性化障壁が低い反応経路を開くのであろうか？ 触媒はまず反応物と結合した中間体を形成する．この中間体では，反応物は変形したり，特定の結合が切れていたりする．たとえば金属表面に H_2 分子が吸着するときには，H_2 の核間距離よりも表面の金属原子間距離が広いため，H 原子間の結合は切れて反応性が高い H 原子として解離吸着することが多い（図 14.3）．そのため反応が起こりやすくなる．このように，触媒と中間体を形成した反応物が変形や結合の切断によって目的の生成物を生じやすくなっていれば，この中間体から生成物に至る反応経路上の活性化障壁は，触媒がない場合に比べてかなり低くなる．反応が進んで生成物が触媒から離れれば，触媒は新たに別の反応物と中間体を形成して反応を促進し続ける．

==触媒は反応を速めるが，化学平衡は移動させない．==なぜならば，

[6] 触媒 M は反応物や生成物としては反応に直接関わっていないので，通常は $A + B \xrightarrow{M} P + Q$ のように書く．

[7] 鏡に映した分子の構造が，元の構造と重ね合わせられないとき，光学活性または不斉があるという．野依良治博士らは，光学活性な関係にある分子のうち，特定の構造の分子だけを選択的に合成することの可能な「不斉触媒」の開発に成功し，2001 年にノーベル化学賞を受賞した．なお，生体内の酵素には不斉触媒として働くものが多い．

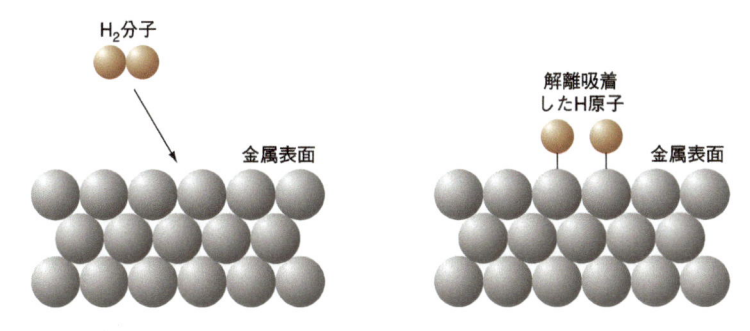

図 14.3 金属表面への解離吸着

式(14.5)の触媒 M を含んだ反応の平衡定数は

$$K = \frac{[P][Q][M]}{[A][B][M]} = \frac{[P][Q]}{[A][B]} \tag{14.6}$$

となるので，触媒がない場合と同じ値になるからである．また図 14.2 からわかるように，触媒は正反応だけでなく，逆反応の活性化障壁も低くする．したがって，反応生成物を分離しない閉じた系では，触媒によって化学平衡に達するのが速くなる．

触媒を利用して画期的な成功を収めた例として有名なのが，アンモニアの合成反応

$$N_2(g) + 3H_2(g) \rightleftarrows 2NH_3(g) \tag{14.7}$$

である．10 章では，全圧 1 bar，絶対温度 298 K のもとで，1 モルの N_2 と 1 モルの H_2 から出発すると，アンモニアの生成が進み，平衡状態では H_2 がほぼすべて反応しつくしていることを示した．たしかに，平衡状態に達するまで反応が進めばそうなるのだが，実際には 1 bar，298 K の条件で安定な N_2 と H_2 を混合しただけでは反応は進まない．反応速度を上げるには温度を高くする必要があるが，この反応は分子数が減る発熱反応なので，アンモニア生成側が有利になる平衡の条件は高圧・低温である．したがって高圧にするとともに，温度を上げないですむように触媒を用いて活性化エネルギー（律速段階は N_2 の解離）を下げる必要がある．

20 世紀の初め，ハーバー（F. Haber）は，触媒の助けも借りて，アンモニア合成に有利な温度と圧力の条件を探し，空気中の N_2 を原料としたアンモニア合成が実験室でできることを示した．その後，触媒に鉄を用いるのが最適であることが見いだされ，当時としては画期的な高温（約 800 K），高圧（約 200 bar）の反応装置をボッシュが製作して，アンモニアの工業的な大量生産を実現した[8]．この製法はハーバー・ボッシュ法と呼ばれ，温度と圧力の条件は当時と変わっているものの，現在でも工業的に利用されている．

鉄を触媒としたアンモニアの合成反応では，気体の $N_2(g)$ と $H_2(g)$ は，図 14.3 のように鉄表面に原子として解離吸着して N(a) と H(a) となる．ここで(a)は吸着状態を表す（a は吸着：adsorption の頭文字）．この状態から

[8] 空気中の窒素によるアンモニア合成は，当時チリ硝石の輸入に頼っていた窒素肥料の原料の確保が当初の目的であったが，第一次世界大戦においてドイツの爆薬製造に役立つ結果になった．

$$N(a) + 3H(a) \rightleftarrows NH(a) + 2H(a) \rightleftarrows NH_2(a) + H(a) \rightleftarrows NH_3(a)$$
$$\rightleftarrows NH_3(g) \qquad (14.8)$$

と鉄表面上で逐次的に反応が進んでいくと考えられている．図 12.8 のポテンシャル曲面の例で見たように触媒がなければ，N + 3H を経由するために $1/2N_2 + 3/2H_2$ の N_2 と H_2 の結合をすべて切るという非常に大きなエネルギーが必要になるが，金属表面への解離吸着によって，非常に低い活性化エネルギーでの反応が可能になっているのである．ここで例にあげた鉄触媒のように，触媒作用は触媒の表面で起こる．そのため金属を触媒に用いる場合，通常は大きな表面積が得られるように粉末や微粒子にして利用する．

14.2.2 酵素触媒反応

酵素（enzyme）とは，化学反応の触媒となるタンパク質のことで，生体内のさまざまな物質の合成や分解のほとんどは，酵素がないと反応が進まない[9]．酵素は，生物が生命活動を維持するうえで必要不可欠であり，特定の酵素が欠乏した重篤な疾患も少なくない．

酵素による触媒作用を受ける反応物の分子は**基質**（substrate）と呼ばれる．「鍵と鍵穴（図 14.4）」にたとえられるように，酵素には特定の構造をもつ基質とうまく結合する形状の部位（活性部位）があり，この活性部位が特定の基質にだけ反応の場を提供する基質特異性がある．また酵素には，特定の反応に対してのみ触媒として働く反応特異性もある．

酵素による触媒反応の機構は，酵素 E と基質 S が複合体 ES をつくり，ES から生成物 P を生じて酵素は元に戻る．複合体の形成は可逆反応なので，複合体を生じる正反応の速度定数を k_1，複合体から酵素と基質に戻る逆反応の速度定数を k_{-1} とし，ES から P を生じる一次反応の速度定数を k_2 とする．

$$E + S \underset{k_{-1}}{\overset{k_1}{\rightleftarrows}} ES \qquad (14.9)$$

$$ES \overset{k_2}{\longrightarrow} E + P \qquad (14.10)$$

式 (14.9) と (14.10) の酵素触媒反応の機構は，13 章で取りあげた前駆平衡がある複合反応を少し変形しただけのものである．

[9] 酵素は，$10^{-10} \sim 10^{-8}$ mol/L といった低濃度でも効果が認められる，非常に効率のよい触媒である．

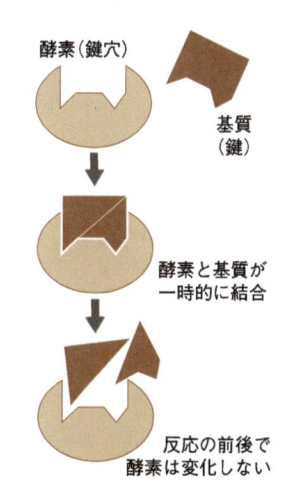

図 14.4 酵素（鍵穴）と基質（鍵）

酵素触媒反応では，基質 S に比べて酵素 E の量は非常に少ない（注 9 を参照）．そこで S よりも量の少ない複合体 ES に定常状態近似が適用でき，ES の定常状態濃度は

$$[\mathrm{ES}] = \frac{k_1[\mathrm{E}][\mathrm{S}]}{k_{-1} + k_2} \tag{14.11}$$

となる．ここで酵素の初期濃度を $[\mathrm{E}]_0$ とすると，

$$[\mathrm{E}] = [\mathrm{E}]_0 - [\mathrm{ES}] \tag{14.12}$$

であり，この関係を代入して $[\mathrm{E}]$ を消去し，$[\mathrm{ES}]$ について解き直すと，

$$[\mathrm{ES}] = \frac{k_1[\mathrm{E}]_0[\mathrm{S}]}{k_{-1} + k_2 + k_1[\mathrm{S}]} \tag{14.13}$$

となる．したがって反応速度 v は

$$v = \frac{d[\mathrm{P}]}{dt} = k_2[\mathrm{ES}] = \frac{k_1 k_2[\mathrm{E}]_0[\mathrm{S}]}{k_{-1} + k_2 + k_1[\mathrm{S}]} \tag{14.14}$$

と表される．式の見通しをよくするために，ここで

$$K_\mathrm{m} = \frac{k_{-1} + k_2}{k_1} \tag{14.15}$$

とおくと，酵素触媒反応の速度は

$$v = \frac{k_2[\mathrm{E}]_0[\mathrm{S}]}{K_\mathrm{m} + [\mathrm{S}]} \tag{14.16}$$

と書ける．式(14.15)の K_m は濃度の単位をもち[10]，K_m が小さいほど基質と酵素が結合しやすく反応が進みやすいことを表している．酵素触媒反応の速度論を初めて研究したミカエリス（L. Michaelis）の名をとって K_m を**ミカエリス定数**（Michaelis constant）と呼び，以上の反応機構を**ミカエリス・メンテン機構**（Michaelis-Menten mechanism）と呼ぶ．

図 14.5 には，式(14.16)の酵素触媒反応の反応速度の基質濃度依存性をプロットした．反応速度は基質濃度 $[\mathrm{S}]$ が高くなるととも

---

10) 式(14.9)と(14.10)より，k_1 は二次反応の速度定数で，k_{-1} と k_2 は一次反応の速度定数なので，K_m の単位は濃度になる．

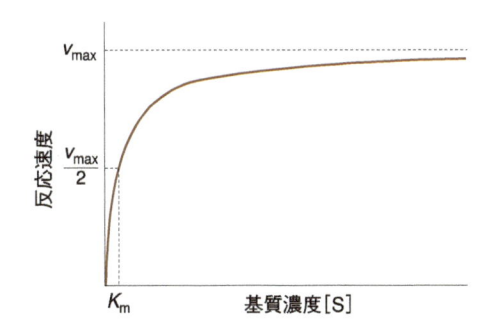

図 14.5 ミカエリス・メンテン機構の反応速度

に増加するが，ある程度 [S] が高くなると飽和してしまい，最大値 $v_{\max}$ で頭打ちになる．$v_{\max}$ は，式(14.16)において基質 S が大過剰となる条件 $[S] \gg K_m$ より

$$v_{\max} = k_2[E]_0 \tag{14.17}$$

であることがわかる．この $v_{\max}$ を式(14.16)に代入すると

$$v = \frac{v_{\max}[S]}{K_m + [S]} \tag{14.18}$$

と書け，基質濃度がミカエリス定数に等しい（$[S] = K_m$）とき，反応速度が $v_{\max}$ の 1/2 になることがわかる．

　酵素触媒反応では，式(14.17)からわかるように，S が大量に存在するとき，反応速度が基質濃度 [S] に依存しないゼロ次反応となる．一方，反応が進んで [S] が減少すると，反応速度は遅くなり，とくに $[S] \ll K_m$ となるまで [S] が減少すると，[S] の一次反応となる．これは，反応速度は [ES] に比例しており，S が大量にあれば E との結合を待つ S があまるので，E の量だけで [ES] が決まるのに対して，S が少量になると [ES] も [S] に比例するためである．なお，S の初期濃度を $[S]_0$ として，反応の初速度 v_0 を表した

$$v_0 = \frac{v_{\max}[S]_0}{K_m + [S]_0} \tag{14.19}$$

は，ミカエリス・メンテンの式（Michaelis-Menten equation）と呼ばれる．

14.3 連鎖反応

11章において，H_2の燃焼反応が連鎖反応と呼ばれる複合反応であることを述べた．H_2とO_2のような安定物質の反応は，反応性の高いラジカル（原子も含む）が存在しなければ進まない．しかし，そうしたラジカルが反応で消費されてしまうならば，反応の間，つねにラジカルを補給し続けなければ反応は継続できない．連鎖反応の特徴は，ラジカルが反応して別のラジカルを生成する素反応が，連鎖反応のなかに含まれていることである．そのためラジカルが反応開始時に少量生じさえすれば，ラジカルを外から補給しなくても連鎖反応が続く[11]．

たとえば11章で取りあげたH_2の燃焼反応の場合，H_2またはO_2の解離反応によってH原子またはO原子を生成する反応が連鎖開始反応になる．それに引き続く

$$H + O_2 \rightarrow OH + O \tag{14.20}$$
$$O + H_2 \rightarrow OH + H \tag{14.21}$$

では，1個のラジカルと1個の安定分子の反応によって，2個のラジカルが生成している．こうしたラジカルが増えていく反応は，連鎖分岐反応と呼ばれる．連鎖分岐反応があると，温度や圧力の条件によっては，ねずみ算的にラジカルが増えて連鎖反応が急激に進行し，爆発にさえいたる．H_2の燃焼の連鎖反応で最終生成物のH_2Oを生じる反応

$$OH + H_2 \rightarrow H_2O + H \tag{14.22}$$

は，1個のラジカルと1個の安定分子の反応によって，再び1個のラジカルと1個の安定分子が生成している．この反応ではラジカルの分子数は保たれるので，連鎖成長反応と呼ばれる．連鎖反応はラジカルがなくなると終わる．したがって，ラジカルを安定分子や反応性が低いラジカルに戻して，ラジカルを消費する反応は連鎖停止反応と呼ばれる．H_2の燃焼では容器の表面でのH_2分子の生成反応

$$H + wall \rightarrow \frac{1}{2} H_2 \tag{14.23}$$

や，反応性が低いHO_2ラジカルの生成反応

---

[11] 連鎖反応は，高分子を生成する重合反応にも利用されている．安定なモノマー分子が重合するたびに末端がラジカルになる高分子では，安定なモノマーの重合が連鎖反応として続く．また化学反応ではないが，原子爆弾や原子力発電では，ウランやプルトニウムの核分裂を起こすのに必要な中性子が，核分裂のたびに2～3個放出されるため，外部から中性子を与え続けなくても核分裂が連鎖反応として持続し，核分裂で生じるエネルギーの利用が可能となっている．

$$H + O_2 + M \rightarrow HO_2 + M \tag{14.24}$$

が，これにあたる．この他に，ラジカルが生成物と反応して反応物に戻るなど，反応の効率を下げる反応があれば，これを連鎖阻害反応と呼ぶ．

　連鎖反応を構成している素反応の数が少ない場合，反応速度の方程式を解いて各物質の濃度の時間変化を求めることが可能である．このとき，反応性が高いラジカルは，連鎖反応のあいだは濃度が低く保たれるので，定常状態近似を適用することができ，連立する反応速度式を簡単にすることができる．しかし，多くの素反応が関わる連鎖反応では，電子計算機を利用して数値計算をしなければ適切な解を得ることはできない．H_2 の燃焼反応ですら，おもな化学種8種について20個近くの素反応を含める必要がある．

14.4　単分子反応機構

　単分子反応は，11 章で学んだように，反応分子 A が 1 個だけで解離反応や異性化反応を起こす一次反応である．このとき反応を起こすのは，解離や異性化の障壁エネルギー E_0 よりも大きな振動エネルギーを蓄えた分子である．

　反応分子の集団のうち，反応を起こすのに必要なエネルギー E_0 よりも大きな振動エネルギーをもつ分子の個数は，与えられた温度のもとでのボルツマン分布によって決まる．もし分子 A が 1 個ずつ孤立しているならば，そのようなエネルギーをもつごく一部の分子だけが反応してしまったあとは，それ以上，反応は進行しない．しかし反応分子は周囲の分子との衝突[12]によってエネルギーをやりとりするため，反応に必要な大きなエネルギーをもつ分子が反応しても，その空席を埋めるように別の分子が**活性化**（activation）されて反応に必要なエネルギーをもつ．つまり，与えられた温度でのボルツマン分布をつねに保ちながら，一次反応が進行していく．

　したがって，単分子反応では，解離反応や異性化反応自体は反応分子が他の分子に関与しないで起こるが，活性化の過程には周囲の分子との衝突が含まれている．衝突による活性化は周囲の分子との衝突回数が多いほど起こりやすいので，単分子反応の速度定数は，

[12] 密度が低い気相ですら，分子は 1 bar, 298 K のもとで 1 秒間に 10^{10} 回近くも衝突している（表 6.1）．

周囲の分子の密度，すなわち圧力の増加とともに大きくなる．

　リンデマン（F. A. Lindemann）は単分子反応の反応機構を，反応分子 A が周囲の分子 M との衝突で反応に必要なエネルギーを獲得して活性化分子 A* になる過程と，A* が生成物になる過程の複合反応として扱い，単分子反応の速度定数が圧力の低下とともに小さくなる実験結果の傾向の説明に成功した．A* は M との衝突で**脱活性化**（deactivation）されて A に戻るので，活性化の過程は可逆反応になり，前駆平衡がある複合反応（13 章）と同様になる．A から A* を生じる活性化反応の速度定数を k_1，A* が A に戻る脱活性化反応の速度定数を k_{-1} とし，A* から P を生じる反応の速度定数を k_2 とすると，反応機構は次のようになる（図 14.6）．

$$A + M \underset{k_{-1}}{\overset{k_1}{\rightleftharpoons}} A^* + M \tag{14.25}$$

$$A^* \xrightarrow{k_2} P \tag{14.26}$$

　ここで A* は A に比べて濃度が低く，定常状態近似を適用できると考えてよい．A* の定常状態濃度 $[A^*]_{ss}$ は

$$[A^*]_{ss} = \frac{k_1[A][M]}{k_{-1}[M] + k_2} \tag{14.27}$$

となるので，単分子反応の速度 v は次式となる．

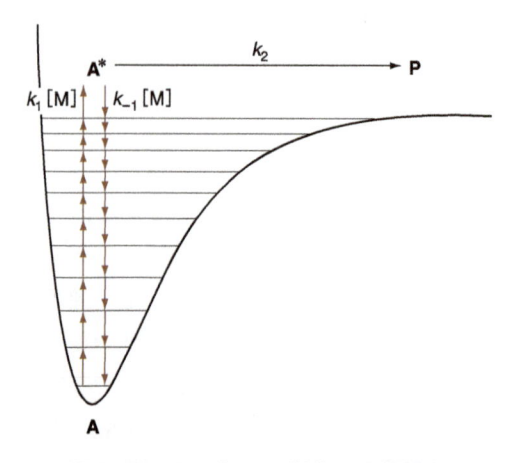

図 14.6　リンデマンの単分子反応機構

$$v = \frac{d[P]}{dt} = k_2[A^*]_{ss} = \frac{k_1 k_2 [A][M]}{k_{-1}[M] + k_2} \quad (14.28)$$

Aの単分子反応速度を k_{uni} とおくと，$v = k_{uni}[A]$ であるから，

$$k_{uni} = \frac{(k_1/k_{-1})k_2}{1 + (k_2/k_{-1}[M])} \quad (14.29)$$

である．k_{uni} の [M] 依存性を図 14.7 に示した．k_{uni} は [M] の増加とともに大きくなるが，ある程度 [M] が大きくなると一定値になる．k_{uni} の [M] 依存性の意味は，式(14.29)で [M] が大きい極限と小さい極限をとるとわかりやすい．高圧極限，すなわち [M] → ∞ では

$$k_{uni}^\infty = \frac{k_1}{k_{-1}} k_2 \quad (14.30)$$

なので，k_{uni} は定数になり，全体の反応速度は [A] の一次反応となる．これは，高圧極限では [M] が高いため，A の活性化が速やかに起こって，[A] に対する [A*] の割合が一定に保たれることを反映しており，A* から P を生じる反応が律速段階になっている．一方，低圧極限すなわち [M] → 0 では

$$k_{uni}^0 = k_1[M] \quad (14.31)$$

なので，全体の反応速度は [A][M] に比例する二次反応になる．これは，低圧極限では [M] が低いため，A の活性化がなかなか起こらないことを反映しており，活性化が律速段階になっている．反

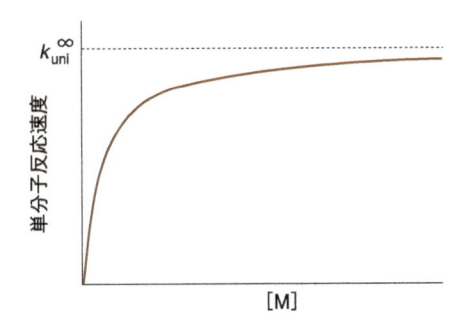

図 14.7 単分子反応速度の [M] 依存性

応容器中に A だけが存在する場合，A が M の役割も果たすので，低圧では単分子反応の速度定数が A の圧力に比例して小さくなる．

14.5　溶液中の化学反応

11 章からこれまで，取り扱いが単純な気相反応を中心に化学反応論の基礎を学んできた．最後に，溶液中の反応に特有の問題に触れておこう．

気相と液相の大きな違いは，分子密度が 1000 倍以上違うことである．溶液中では溶質分子は周囲の溶媒分子に取り囲まれており，気相の 1000 倍以上の頻度で衝突が繰り返されている．このため，溶質分子 A の光解離

$$A + h\nu \rightarrow P + Q \tag{14.32}$$

が起こっても，溶媒分子に取り囲まれている解離生成物 P と Q は，いったんは逆方向に運動を始めるが，すぐに溶媒分子と衝突して再び出合ってしまう．この状態で解離生成物と溶媒分子の衝突が続くと，光励起によるエネルギーが奪われて，P と Q は再び結合して A に戻ってしまう．これを**カゴ効果**（cage effect）という（図 14.8）．

これと同様に，溶液中の二分子の素反応で反応物 A と B が出合うと，A と B が溶媒分子に取り囲まれた状態になる．気相の反応では，A と B が衝突しても反応を起こせなければ，A と B はそのまま跳ね返ってしまうが，溶媒分子に取り囲まれた状態では，A と B は 1 回の衝突で反応を起こせなくても，カゴ効果によって再び衝

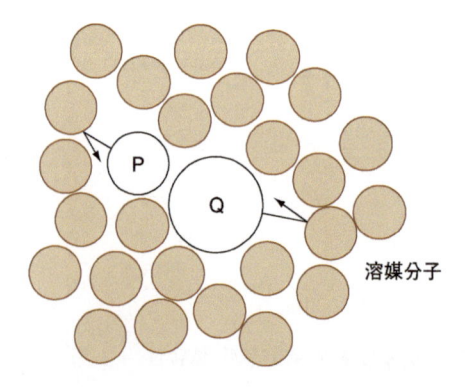

図 14.8　カゴ効果

突を繰り返すことができるので反応を起こす機会が増す．そのため，活性化エネルギーが小さい（速度定数が大きい）反応では，いちどAとBが出合えば，必ず反応を起こすとみなせる場合がある．このような条件では，AとBの反応速度を決めているのは，反応自体の速度ではなく，AとBの出合いの頻度になる．溶液中では，反応分子は溶媒分子と衝突しながら拡散運動によって移動するので，拡散運動[13]の速さが反応速度を決めることになる．このような反応を**拡散律速反応**（diffusion controlled reaction）と呼ぶ．

一方，反応速度が遅い反応では，溶液中でAとBが出合っても必ず反応するとは限らない．このような場合は，気相反応と同様に反応自体の速度が反応速度を決める．そのため反応速度に対する溶媒の影響が重要になる．溶液中では，反応物，遷移状態，生成物のどれもが溶媒に取り囲まれ，**溶媒和**（solvation）した状態にあることで**溶媒効果**（solvent effect）が生じる．一般に，溶媒和によってイオンや分子は安定化するが，その度合いはイオンや分子のもつ電荷や双極子モーメントと溶媒の誘電率などによって決まる．そのため，反応物，遷移状態，生成物で安定化の度合いも異なる．とくに溶媒和による反応物と遷移状態の間のエネルギー関係の変化は，反応速度を大きく左右する．これが反応速度に対する溶媒効果である．図 14.9 に示した極性溶媒での

$$X^- + RY \to RX + Y^- \tag{14.33}$$

13) 拡散は濃度が均一になる方向に進む遅い運動で，単位面積を通過する物質Aの量はAの濃度の勾配 $d[A]/dx$ に比例するため，ある場所の濃度の時間変化は $d^2[A]/dx^2$ に比例する．

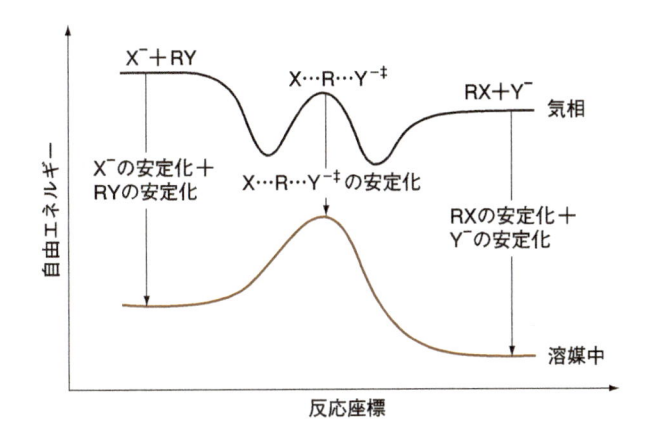

図 14.9 溶媒和による自由エネルギーの安定化

の反応では，生成物は遷移状態よりも電荷が局在しているため，溶媒による安定化が大きい．この例のように，溶媒和によるギブズ自由エネルギーの安定化が遷移状態よりも反応物で大きいと，活性化エネルギーが大きくなるため，その溶媒中では気相よりも反応速度が小さくなる．これとは逆に，中性分子同士がイオン対のような遷移状態を形成する反応だと，溶媒の極性が強いほど反応物に対して遷移状態の安定化の度合いが大きくなり，反応速度も大きくなる．

章末問題

1. 波長 400 nm の光子のエネルギーと，表 3.1 の二原子分子の結合エネルギーの大小を比較せよ．（ヒント：光子 1 個のエネルギーは $E = h\nu = hc/\lambda$）

2. 触媒が反応速度を速める理由と，化学平衡を移動させない理由を説明せよ．

3. 触媒によって活性化エネルギーが 100 kJ/mol から 20 kJ/mol に低下すると，27℃での反応速度は何倍になるか．ただし頻度因子は触媒がある場合とない場合で共通とする．

4. 連鎖反応の開始・成長・分岐・停止の各段階におけるラジカルの個数の増減を述べよ．

5. 酵素反応の活性を調べるには，酵素の初期濃度 $[E]_0$ を一定にして基質の初期濃度 $[S]_0$ を変え，基質濃度 $[S]$ の時間変化の初速度 v_0 を測定する．ミカエリス・メンテンの式の逆数をとり，v_0 の逆数を $[S]$ の逆数に対してプロット（ラインウィーバー・バークプロット）すると，酵素触媒反応の最大反応速度 v_{max}，ミカエリス定数 K_m，酵素基質複合体 ES から生成物を生じる速度定数 k_2 が求められることを示せ．

付 録

物理化学を学ぶにあたって役立つ数学の公式などをまとめた．

付録1： 指数と対数

$x = a^y$ という関係式で，y は a を底とする x の対数といい，

$$y = \log_a x$$

と書く．ここで，10を底とする対数を常用対数と呼んで，

$$y = \log x \tag{1}$$

と表す．さらに，e($= 2.718\cdots$) を底とする対数を自然対数と呼んで

$$y = \ln x \tag{2}$$

と表す．

指数関数は対数関数と「逆関数」の関係にある．すなわち，式(1)に対応する指数関数は

$$x = 10^y \tag{1'}$$

であり，式(2)に対応する指数関数は

$$x = e^y \tag{2'}$$

である．(2')においてとくに y が複雑なときなどでは $x = \exp y$ と書く．たとえば，$e^{-E_a/RT}$ は $\exp(-E_a/RT)$ と書く．

対数には，一般に次のような基本的な関係がある．

$\log_a 1 = 0$　　　　　　　　　$\log_a a = 1$

$\log_a(xy) = \log_a x + \log_a y$　　$\log_a(x/y) = \log_a x - \log_a y$

$\log_a x^k = k \log_a x$　　　　　　$\log_a x = \log_a b \cdot \log_b x$

常用対数と自然対数の関係は，底の変換の関係を使うと

$$\ln x = \ln 10 \cdot \log x = 2.303 \cdot \log x \tag{3}$$

となる．

付録2： 基本的な関数の微分と積分

$f(x)$	$df(x)/dx$	$\int f(x)\,dx$
x^n	nx^{n-1}	$x^{n+1}/(n+1)$
$1/x$	$-1/x^2$	$\ln x$
$\exp(ax)$	$a\exp(ax)$	$\exp(ax)/a$
a^x	$a^x \ln a$	$a^x/\ln a$
$\ln x$	$1/x$	$x\ln x - x$
$\sin x$	$\cos x$	$-\cos x$
$\cos x$	$-\sin x$	$\sin x$

付録3： 積分公式

$$\int_{-\infty}^{\infty} \exp(-ax^2)\,dx \;=\; 2\int_{0}^{\infty} \exp(-ax^2)\,dx \;=\; \left(\frac{\pi}{a}\right)^{1/2}$$

$$\int_{0}^{\infty} x\exp(-ax^2)\,dx \;=\; \frac{1}{2a}$$

$$\int_{-\infty}^{\infty} x^2\exp(-ax^2)\,dx \;=\; 2\int_{0}^{\infty} x^2\exp(-ax^2)\,dx \;=\; \frac{\pi^{1/2}}{2a^{3/2}}$$

$$\int_{0}^{\infty} x^3\exp(-ax^2)\,dx \;=\; \frac{1}{2a^2}$$

$$\int_{-\infty}^{\infty} x^4\exp(-ax^2)\,dx \;=\; 2\int_{0}^{\infty} x^4\exp(-ax^2)\,dx \;=\; \frac{3\pi^{1/2}}{4a^{5/2}}$$

章末問題の略解

1章

2. 式(1.3)に式(1.5)を代入して
$v = e^2/(2n\varepsilon_0 h)$ を得る．ここで $n = 1$ として
$v = 2.19 \times 10^6$ m/s
この値は光速のおよそ 7/1000．

3. $r = \dfrac{\varepsilon_0 n^2 h^2}{me^2 \pi Z}$, $E = -\dfrac{me^4 Z^2}{8\varepsilon_0^2 h^2 n^2}$

4. $\bar{\nu} = R_H(1/2^2 - 1/4^2) = (1.097 \times 10^7)(3/16)\,\text{m}^{-1}$
$= 2.057 \times 10^6\,\text{m}^{-1}$

$\lambda = (2.057 \times 10^6\,\text{m}^{-1})^{-1} = 4.86 \times 10^{-7}$ m

5. $\lambda = h/mv$
$= (6.63 \times 10^{-34}\,\text{J s})/(10^3\,\text{kg} \times 60 \times 10^3/60^2\,\text{m/s})$
$= 4.0 \times 10^{-38}$ m

一方，電子の波長はおよそ $\lambda = 3.6 \times 10^{-10}$ m であるから，このようなマクロな系の物質波の波長は電子の波長の $1/10^{35}$ で，問題にならないくらい小さい．

2章

2. オービットは天体の星の軌道や人工衛星の軌道のように，運動する物体の位置を明確に決められる場合に使う．ボーアの原子モデルにおいて，電子の円運動は古典論によるモデルにもとづいていて，その位置が明確に定まる．それに対して，電子は粒子性と波動性という二重性をもつと定義され，その運動の軌道はオービタルと呼ばれる．電子は電子雲のような状態で原子核のまわりを運動していて，電子の存在は存在確率として定義される．

3. 1312.23 kJ/mol
イオン化エネルギーは1個の電子を基底状態（$n = 1$）から無限遠（$n = \infty$）へ引き離すのに必要なエネルギー．したがって，$E_\infty - E_{n=1}$ を求めればよい．$E_\infty = 0$ となるため，イオン化エネルギー IE $= -E_{n=1} = e^2/(8\pi\varepsilon_0 a_0)$ に，ボーア半径（$a_0 = 0.053$ nm）を用いる．

3章

1. :N⋮⋮N: H:Ö:H   :Ö::C::Ö:

2. He_2 分子の基底状態の電子配置は $(\sigma_{1s})^2(\sigma^*_{1s})^2$ であり，これは二つの結合性電子と二つの反結合性電子からなる．同じ原子状態を基準として，結合性軌道エネルギーの減少と反結合性エネルギーの増加はほぼ等しい．厳密には，反結合性エネルギーの増加のほうが結合性エネルギーの減少より少し大きいので，結合性距離では小さな反発を示すため，He_2 分子はできない．

3. LiH では，Li の 1s-AO にある 2 個の電子は内殻電子で結合に関与しない．残り 2 個の電子（Li の 2s-AO と H の 1s-AO の電子）が MO をつくり，結合性の軌道に 2 個の電子が入っている構造をしている．

4. N の場合も sp^3 混成を考えることで説明できる．NH_3 の場合，sp^3 混成軌道の一つの軌道は電子対によって占められていることになる．

5. $(1s)^2(2s)^2(2p)^1 \to (1s)^2(2s)^1(2p_x)^1(2p_y)^1$：昇位
$(1s)^2(2s)^1(2p_x)^1(2p_y)^1 \to (1s)^2(sp^2)^3$：混成

4章

1. 双極子モーメントあり：NH_3, CH_3Cl
双極子モーメントなし：CO_2, CCl_4, C_6H_6

2. 沸点は液体状態での分子間相互作用を反映している．分散力が増加するので，一般に沸点は分子質量とともに上昇する．水の沸点が高いのは例外で，水素結合によるものである．

3. 式(3.3)より

$q = \mu/R$
$= (3.6 \times 10^{-30}\,\text{C m})/(0.128 \times 10^{-9}\,\text{m})$
$= 2.81 \times 10^{-20}$ C

$q_{100} = 1.602 \times 10^{-19}$ C であるから，HCl のイオン性は約18%．

4. 式(4.5)について，$(dV(r)/dr) = 0$ を計算する．得られた $r = 2^{1/6}\sigma$ を代入して $V(2^{1/6}\sigma) = -\varepsilon$ を得る．

5. アルコール類（メタノール，エタノール）そして水がとくに大きな値を示している．これは水素結合を媒介とした分子間相互作用の大きさを反映している．これらの液体が会合性液体と呼ばれる理由である．一方，非会合性液体について，分子量が小さいにもかかわらずアセトンがベンゼンと同程度の蒸発熱をもっているのは，アセトンが極性分子であるため．

5章

1. $R = PV_m/T$
   $= (1 \times 10^5 \text{ Pa})(24.789 \text{ L mol}^{-1})/298.15 \text{ K}$
   $= 8.314 \text{ J K}^{-1} \text{ mol}^{-1}$

2. 高温では分子は速く動きまわるようになり，低圧では分子間の距離が長くなるので，分子間の相互作用は分子の熱エネルギー（$\sim k_B T$）に比べて小さくなる．

3. $\sqrt{\langle v^2 \rangle} = \sqrt{3RT/M}$
   $= \sqrt{(3 \times 8.314 \times 298 \text{ J})/(28 \times 10^{-3} \text{ kg})}$
   $= 515 \text{ m/s}$

4. 【例】窒素分子について，
   $$d^3 = \frac{3 \times 0.0387 \times 10^{-3} \text{m}^3 \text{mol}^{-1}}{2 \times 3.14 \times 6.02 \times 10^{23} \text{mol}^{-1}}$$
   $= 30.7 \times 10^{-27} \text{ m}^3$
   $d = 3.1 \times 10^{-9} \text{ m}$

5. ファンデルワールスの式(5.22)より
   $$\frac{PV}{nRT} = 1 + \frac{bP}{RT} - \frac{an}{RTV} + \frac{abn^2}{RTV^2}$$

   右辺第2項に近似的に $P = nRT/V$ を代入して
   $$\frac{PV}{nRT} = 1 + n\left(b - \frac{a}{RT}\right)\left(\frac{1}{V}\right) + n^2\left(\frac{ab}{RT}\right)\left(\frac{1}{V^2}\right)$$

   第二ビリアル係数 B は (n/V) の係数なので
   $$B = b - \frac{a}{RT}$$

6章

1. 1 bar, 25℃での理想気体分子1モルの体積
   $V_m = 8.31 \text{ J K}^{-1} \text{mol}^{-1} \times 298 \text{ K}/(10^5 \text{ Pa})$
   $= 2.48 \times 10^{-2} \text{ m}^3$

   一方，$N_A = 6.022 \times 10^{23}$ より，1 m^{3}の分子数は
   $N^* = 6.02 \times 10^{23}/0.0248 \text{ m}^3 = 2.43 \times 10^{25} \text{ m}^{-3}$

   式(6.3)，式(6.4)，式(6.5)にあてはめればよい．

2. 並進運動，回転運動，振動運動の自由度は，
   HCl : 3,2,1 ; CO$_2$: 3,2,4 ; H$_2$O : 3,3,3
   NH$_3$: 3,3,6 ; CH$_4$: 3,3,9 ; C$_6$H$_6$: 3,3,30

3. (a) $V(R)$ が極小となるのは
   $dV(R)/dR = 0$ のときである．
   $dV(R)/dR = 2aD_e[1 - \exp\{-a(R - R_e)\}]$
   $\exp\{-a(R - R_e)\}$

   これが0となるのは $\exp\{-a(R - R_e)\} = 1$ のとき，すなわち $R = R_e$ のときである．

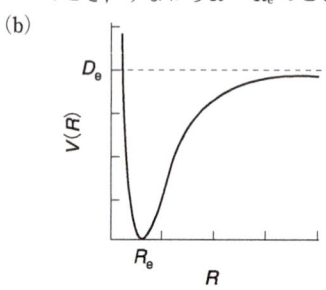

   (b)

5. $E = h\nu = (h/2\pi)(k/\mu)^{1/2} = hc/\lambda$

   であるから，
   $k = 4\pi^2 c^2 (1/\lambda)^2 \mu$

   となる．この式より
   H$_2$: $1/\lambda = 4.16 \times 10^5 \text{ m}^{-1}$ を代入して
   $k = 514 \text{ N/m}$

   I$_2$: $1/\lambda = 2.13 \times 10^4 \text{ m}^{-1}$ を代入して
   $k = 170 \text{ N/m}$

7章

1. $\int_0^\infty f(v)dv = 1$ を示せばよい．

   積分 $\int_0^\infty x^2 \exp(-ax^2)dx = (1/4a)(\pi/a)^{1/2}$ を使う．
   ここで，$a = (m/2k_B T)$ とすればよい．

2. $q = \sum_i \exp(-\varepsilon_i/k_B T)$ に式(6.6)を代入すると，

$$q = \sum_i \exp\{-(\varepsilon_i^{\text{ele}} + \varepsilon_i^{\text{vib}} + \varepsilon_i^{\text{rot}} + \varepsilon_i^{\text{trans}})/k_{\text{B}}T\}$$

$$= \sum_i \exp\left(\frac{-\varepsilon_i^{\text{ele}}}{k_{\text{B}}T}\right)\exp\left(\frac{-\varepsilon_i^{\text{vib}}}{k_{\text{B}}T}\right)\exp\left(\frac{-\varepsilon_i^{\text{rot}}}{k_{\text{B}}T}\right)$$

$$\exp\left(\frac{-\varepsilon_i^{\text{trans}}}{k_{\text{B}}T}\right)$$

$$= q^{\text{ele}} \cdot q^{\text{vib}} \cdot q^{\text{rot}} \cdot q^{\text{trans}}$$

3. $\mathrm{d}f(v)/\mathrm{d}v = 0$ となるときの v を求める.

$$\frac{\mathrm{d}f(v)}{\mathrm{d}v} = 4\pi\left(\frac{m}{2\pi k_{\text{B}}T}\right)^{\frac{3}{2}} 2v\left\{1-\left(\frac{m}{2k_{\text{B}}T}\right)v^2\right\}$$

$$\exp\left(\frac{-mv^2}{2k_{\text{B}}T}\right)$$

したがって, $v = \sqrt{2k_{\text{B}}T/m}$ を得る.

4. 振動エネルギー式(6.11)を分配関数の式(7.10)に代入する. すなわち,

$$q^{\text{vib}} = \sum_i \exp(-\varepsilon_i^{\text{vib}}/k_{\text{B}}T)$$

$$= \sum_{v=0} \exp\{-(v+1/2)h\nu/k_{\text{B}}T\}$$

$$= \exp\{-h\nu/(2k_{\text{B}}T)\}\sum \exp\{-(h\nu/k_{\text{B}}T)v\}$$

ここで, 幾何級数

$$\sum x^n = 1 + x + x^2 + x^3 + \cdots = 1/(1-x)$$

であるから, $x = \exp(-h\nu/k_{\text{B}}T)$ とおいて

$$q^{\text{vib}} = \frac{\exp\{-h\nu/(2k_{\text{B}}T)\}}{1-\exp\{-h\nu/(k_{\text{B}}T)\}}$$

を得る. しかし, ゼロ点エネルギーを除いたところを振動エネルギーの基準にすることが多い. この場合は $q^{\text{vib}} = 1/\{1 - \exp(-h\nu/k_{\text{B}}T)\}$ となる.

8章

1. 定容における状態変化 : $\Delta U = Q$, 定圧における状態変化 : $\Delta H = Q$ である.
2. 理想気体の内部エネルギーは温度のみに依存するので, $\Delta U = 0$. $H = U + PV$ および理想気体の状態方程式より $\Delta H = \Delta U + nR\Delta T = 0$.
3. 理想気体の定容熱容量は $(3/2)nR$ なので, 体積一定の条件で必要な熱量は $(3/2)nR \times (500 - 300) = 300\,nR$
同様に圧力一定の条件では $500\,nR$.

4. $\Delta_r H°(298\,\text{K}) = -41.16\,\text{kJ/mol}$
5. $\Delta_r H°(398\,\text{K}) = -40.83\,\text{kJ/mol}$

9章

1. 熱力学第二法則は自発変化の方向を示している. 孤立系のエントロピーは自発変化が起きるとつねに増大する.
2. $\Delta S = 7.6\,\text{J K}^{-1}$
3. $\Delta S = -163.34\,\text{J K}^{-1}$
4. 自発的に進む(実際には, この反応の反応速度はきわめて遅いため, 見かけ上は進まないように見える).
5. 48%

10章

1. 非 P-V 仕事の最大値はギブズ自由エネルギー変化に等しい. すなわち,

$$\Delta G = \Delta H - T\Delta S = -702\,\text{kJ/mol}.$$

2. 表9.1のデータより, 1モルあたりのエントロピーはグラファイトのほうが大きい. $\Delta G = -S\Delta T$ より, 単に加熱するだけでは両者のギブズエネルギーは逆転しない. 一方, 1モルあたりの体積はダイヤモンドよりグラファイトが大きいので, $\Delta G = V\Delta P$ より, 加圧によってギブズエネルギーの逆転が生じる.
3. $\Delta G = -16.5\,\text{kJ/mol}$. $K = 780$.
4. ルシャトリエの原理より, 低温かつ高圧にすればよい.
5. ファントホッフプロットの勾配より

$$\Delta_r H = 54.2\,\text{kJ/mol}$$

11章

1. 反応次数は, 速度式における生成物濃度のべき乗の指数で整数にならない場合もある. 反応分子数は素反応で実際に反応にかかわる分子数で反応次数に一致し, 必ず整数である.
2. 一次反応は半減期が濃度に依存しないため半減期から速度定数を決められるが, 二次反応は半減期が濃度に依存するため濃度がわからないと速度定

数を決められない．

3．$\ln k$ を時間に対してプロットすると直線になるので一次反応．
プロットの傾きから $k = 1.5 \times 10^{-3}\,\text{s}^{-1}$

$$t_{1/2} = 0.693/k = 460\,\text{s}$$

$$t = -(\ln 10^{-2})/k = 3070\,\text{s} \approx 3100\,\text{s}$$

で99％が反応する．

4．式(11.36)より半減期は濃度に反比例して長くなるので，それぞれ2分と4分．

5．Aについて一次，Bについて一次で，全反応次数は二次．真の反応速度定数は

$$k = 2.4 \times 10^{-2}\,\text{s}^{-1}/1.0 \times 10^{-1}\,\text{mol/L}$$
$$= 2.4 \times 10^{-1}\,\text{L mol}^{-1}\,\text{s}^{-1}$$

12章

1．活性化エネルギーは，反応が進むために越える必要のあるエネルギー障壁．頻度因子は高温の極限での速度定数に対応する．

2．衝突断面積，相対速度，立体因子．

3．活性化エネルギーが高い反応．

4．$E_a = \ln 3 \times 8.314 \times (1/293 - 1/303)^{-1}\,\text{J/mol}$
  $= 81\,\text{kJ/mol}$

5．反応物から生成物へ変化する経路でエネルギーが最大となる状態．遷移状態理論では，反応が進むときに必ず通過する状態として，この状態に達する確率から反応速度定数を求める．

13章

1．^{74}As の減少の速度定数は

$$k = \ln 2/t_{1/2} = 0.693/(17.77\,\text{day}) = 0.0390\,\text{day}^{-1}$$

^{74}Ge 生成の速度定数：$k_1 = 0.34\,k = 0.0133\,\text{day}^{-1}$

^{74}Se 生成の速度定数：$k_2 = 0.66\,k = 0.0257\,\text{day}^{-1}$

2．$K = k_1/k_{-1} = 16$

3．複合反応全体の速度を決めている反応段階．逐次反応の各段階で最速となる素反応のなかで，もっとも遅い素反応（複合反応のなかでもっとも遅い素反応とは限らない）．

4．式(13.29)を t で微分したものがゼロになる条件から

$$t = \{\ln(k_1/k_2)\}/(k_1 - k_2)$$

5．
$$[\text{NO}]_{ss} = \frac{k_2[\text{NO}_2]}{k_3}$$

$$[\text{NO}_3]_{ss} = \frac{k_1[\text{N}_2\text{O}_5]}{(k_{-1} + k_2)[\text{NO}_2]}$$

より

$$\frac{d[\text{N}_2\text{O}_5]}{dt} = -\frac{2k_1 k_2}{k_{-1} + 2k_2}[\text{N}_2\text{O}_5]$$
$$= -k[\text{N}_2\text{O}_5]$$

14章

1．波長400 nmの光子1モルのエネルギーは

$$E = (6.02 \times 10^{23}\,\text{mol}^{-1} \times 6.63 \times 10^{-34}\,\text{J s}$$
$$\times 3.00 \times 10^8\,\text{m/s})/400\,\text{nm}$$
$$= 299\,\text{kJ/mol}$$

この値は結合エネルギーが小さい二原子分子より大きいが，結合エネルギーが大きいものよりは小さい．

2．触媒は活性化エネルギーが低い経路を開いて反応速度を高め，平衡定数は変えないので平衡は移動しない．

3．
$$\frac{\exp\{-20 \times 10^3/(8.314 \times 300)\}}{\exp\{-100 \times 10^3/(8.314 \times 300)\}}$$
$$= 8.5 \times 10^{13}$$

4．ラジカル数は開始反応で増加，成長反応で保存，分岐反応で増加，停止反応で減少．

5．式(14.19)より

$$\frac{1}{v_0} = \frac{1}{v_{max}} + \frac{K_m}{v_{max}}\frac{1}{[\text{S}]}$$

切片の値から v_{max} が決まり，これと傾きの値から K_m が決まる．式(14.17)より $k_2 = v_{max}/[\text{E}]_0$ である．

索 引

【A】

AO	39
MO	39
結合性——	40, 42
反結合性——	41, 42
P–V 仕事	98
sp 混成軌道	48
sp^2 混成軌道	49
sp^3 混成軌道	48
α 線	11
δ 軌道	42
π 軌道	42
σ 軌道	42

【あ】

アイリング	153
——の式	156
圧縮因子	69
アボガドロ定数	13
アミド部位	60
アレニウス	145
——の式	145
——パラメーター	145
——プロット	146
安定化エネルギー	48
鞍点	158
アンモニアの合成反応	125
イオン	
——化エネルギー	35, 52
——結合	51, 52, 61
——性	53, 54
水素類似——	35
異核二原子分子	46
異性化反応	160
位相	39, 40, 43
一次	
——結合	40
——反応	137
一重項	173
一分子反応	132
井戸型ポテンシャル	26
引力相互作用	58
運動エネルギー	16
運動量	18
永久双極子	55

エネルギー	
——関連因子	77
——準位	27
——保存則	97
安定化——	48
イオン化——	35, 52
運動——	16
解離——	53
活性化——	145, 146
ギブズ自由——	119
結合——	42
格子——	53
振動——	78
ゼロ点——	28, 79
全エネルギー——	17
相互作用——	55
内部——	93, 97
熱——	92
標準反応ギブズ——	122
並進——	82, 90
ヘルムホルツ自由——	120
ポテンシャル——	16, 17
量子化——	83
遠心力	15
エンタルピー	98
標準——	102
標準生成——	103
標準反応——	102
エントロピー	109
標準——	113
オクテット則	37
オゾン層	175
オービタル	21, 25, 30
オングストローム	16

【か】

外界	96
回転	
——運動	76
——エネルギー	81
——定数	82
——量子数	81
開放系	96
解離エネルギー	53
解離吸着	177

化学	
——反応式	129
——平衡	124, 159
——量論係数	130
鍵と鍵穴	179
可逆反応	159
核	12
——間距離	42
拡散律速反応	187
確率	20
——密度	25
カゴ効果	186
活性化	183
——エネルギー	145, 146
——障壁	147
活性錯合体	153
活性部位	179
カーボンナノチューブ	3
カラー力	4
カルノー	114
——効率	115
——サイクル	114
換算質量	18, 149
干渉	40
緩和時間	138
擬一次法	141
規格化	26
基質	179
基準振動	80
気体	
——定数	64
——分子運動論	65
実在——	69
理想——	65
基底状態	16
軌道	21
δ ——	42
π ——	42
σ ——	42
原子——	29, 39
混成——	48
分子——	39
ギブズ	120
ギブズ自由エネルギー	119
——の圧力依存性	123

逆対称伸縮運動	80	
逆転分布	94	
吸収スペクトル	15, 80, 106	
球面調和関数	29	
共有結合	37, 61	
極座標	29	
極性	46	
——分子	55	
クオーク	4	
クラウジウス	65, 107, 109	
——の不等式	109	
グラファイト	7	
クーロン力	15, 51, 52	
系	96	
蛍光	174	
結合		
——エネルギー	42	
——距離	61	
——次数	45	
——性 MO	40, 42	
——長	42	
イオン——	51, 52, 61	
一次——	40	
共有——	37, 61	
水素——	60, 61	
ケルビン	64	
原子	11, 12	
——核	12	
——価状態	48	
——価電子	44	
——軌道	29, 39	
——番号	13	
高圧極限	185	
光化学反応	173	
光学活性	177	
項間交差	174	
光子	15	
格子エネルギー	53	
構成原理	33	
酵素	136, 179	
光速度	17	
酵素触媒反応	179	
剛体回転子	81	
孤立系	96	
混成	48	
——軌道	48	
根平均二乗速度	69, 86	
【さ】		
最大確率速度	86	
三重項	173	
三重水素	13	
三重点	64	
三分子反応	132	
磁気量子数	29	
仕事	95	
自然の階層構造	2	
自然放出	94	
失活	175	
実在気体	69	
質量数	13	
自発過程の方向	119	
自発変化	108	
遮蔽		
——効果	32	
——定数	32	
シャルル	63	
——の法則	64	
周期律	34	
重水素	13	
自由エネルギー		
ギブズ——	119	
ヘルムホルツ——	120	
自由度	77	
自由膨張	100, 111	
自由粒子	26	
縮退	31, 89	
寿命	138	
主量子数	29	
ジュール	96	
シュレーディンガー	23, 24	
——方程式	24	
瞬間双極子	57	
昇位	48	
消光	175	
状態		
——図	5	
——量	98	
状態方程式	65	
ビリアル	72	
ファンデルワールス——	70, 71	
衝突	73	
——数	74	
——断面積	73, 148	
——直径	75	
——頻度	74, 148	
——理論	148	
弾性——	66	
触媒	136, 176, 177	
不斉——	177	
シンクロトロン	18, 22	
振動		
——運動	76	
——エネルギー	78	
——数	15, 17	
——量子数	79	
基準——	80	
対称伸縮——	80	
変角——	80	
水素		
——結合	60, 61	
——燃料電池	122	
——類似イオン	35	
三重——	13	
重——	13	
水素原子		
——のエネルギー準位	31	
——の電子状態	28	
——の動径関数	30	
スピン量子数	32	
スペクトル	13	
吸収——	15, 80, 106	
発光——	14	
生成系	130	
生成物	130	
摂氏	64	
絶対温度	64	
絶対零度	113	
ゼロ次反応	136	
ゼロ点エネルギー	28, 79	
遷移	31, 94	
——状態	147, 153, 156	
——状態理論	153	
——無放射	174	
全エネルギー	17	
前駆平衡	169	
前指数因子	145	
全反応次数	134	
全微分	100	
相	5	
双極子	46	
——モーメント	47, 54	
永久——	55	
瞬間——	57	
電気——	46	
誘起——	56	
相互作用エネルギー	55	
相対速度	149	
相転移	5, 113	
速度		
——式	133	
——則	133	
——分布関数	85	

——光速度	17	動径軌道関数	30	——座標	147
——根平均二乗——	69, 86	動径分布関数	30	——式	129
——最大確率——	86	ド・ブロイ	18	——次数	134
——相対——	149	——の式	18	——物	129
——反応——	129, 131	トムソン	11, 107	——分子数	132
——平均——	86			アンモニアの合成——	125
素反応	131	【な】		異性化——	160
		内核電子	44	一次——	137
【た】		内部		一分子——	132
対称伸縮振動	80	——圧	70	可逆——	159
体積仕事	98	——エネルギー	93, 97	拡散律速——	187
第二種永久機関	109	——転換	174	光化学——	173
ダイヤモンド	7, 10	ナイロン	128	酵素触媒——	179
多重項	173	二原子分子	43	三分子——	132
脱活性化	184	二次反応	140	ゼロ次——	136
ダブレット則	37	二分子反応	132, 142	素——	131
弾性衝突	66	熱	95	単分子——	132
断熱可逆圧縮	114	——エネルギー	92	逐次——	164
断熱可逆膨張	114	——化学	101	二次——	140
単分子反応	132	——化学方程式	102	二分子——	132, 142
——機構	183	——効率	115	複合——	131, 159
力の定数	78	——浴	111	並列——	162
逐次反応	164	熱容量	99	連鎖——	133, 182
中間体	132, 167	——定圧	99	連続——	164
中性子	13	——定容	99	反応速度	129, 131
超分子	3	熱力学	96	——式	133
調和振動子	78	——第一法則	97	——定数	133
直交座標	29	——第三法則	112	反発相互作用	58
低圧極限	185	——第二法則	108	非 P-V 仕事	121
定圧熱容量	99			光異性化	174
定在波	19	【は】		光解離	174
定常状態		配向力	55, 56	非定在波	19
——近似	167	排除体積	70	標準エンタルピー	102
——濃度	167	ハイゼンベルグ	20	標準エントロピー	113
定容熱容量	99	パウリの排他原理	33	標準状態	102
デバイ相互作用	56	パッシェン系列	14	標準生成エンタルピー	103
電気陰性度	53	波数	14	標準反応エンタルピー	102
電気双極子	46	波長	18	標準反応ギブズエネルギー	122
電子	12	発光スペクトル	14	ビリアル状態方程式	72
——雲	21	波動関数	24	頻度因子	145
——親和力	36, 52	波動性	18, 19	ファン・デル・ワールス	55, 70
——スピン	173	ハーバー	178	ファンデルワールス	
——の角運動量	16	——・ボッシュ法	178	——状態方程式	70, 71
——密度	20	ハミルトニアン	29	——力	55, 61
——原子価——	44	ハミルトン演算子	25	ファントホッフの式	126
——内核——	44	バルマー系列	14	不確定性原理	20
——不対——	47	反結合性 MO	41, 42	複合反応	131, 159
同位体	13	半減期	138	不斉触媒	177
等温可逆圧縮	114	反応		不対電子	47
等温可逆膨張	114	——確率	149	物質の三態	5
等核二原子分子	43	——系	130	物質波	18

部分平衡	169
ブラケット系列	14
フラーレン	3
プランク定数	15
分岐比	163
分散力	57
分子	
——間相互作用	4, 61
——軌道	39
異核二原子——	46
超——	3
等核二原子——	43
二原子分子	43
フントの規則	33
分配関数	68, 89, 92, 156
平均自由行程	75
平均速度	86
平衡核間距離	42
平衡定数	125, 135
閉鎖系	96
並進	
——運動	67, 76
——エネルギー	82, 90
並列反応	162
ヘスの法則	102
ヘルムホルツ	120
——自由エネルギー	120
変換効率	115
偏微分	99
ボーア	15, 16
——の量子条件	16
——半径	16
ボイル	63
——の法則	63
方位量子数	29
放射性崩壊	139
ポテンシャルエネルギー	16, 17
——曲面	156
ポーリング	54
ボルツマン	65, 88, 112
——因子型指数関数	151
——定数	68
——の関係式	112
——分布	87, 89, 148
ボルン	25
——・ハーバーサイクル	53

【ま】

マイクロ波	106
マクスウェル	65, 85
——・ボルツマンの速度分布	85, 149
マリケン	53
ミカエリス	180
——定数	180
——・メンテン機構	180
——・メンテンの式	182
無放射遷移	174
メタンハイドレート	172
メンデレーエフ	35
銛打ち機構	153

【や】

誘起双極子	56
誘起力	56
有効核電荷	32
誘導放出	94
陽子	13
溶媒効果	187
溶媒和	187

【ら】

ライマン系列	14
ラインウィーバー・バークプロット	188
ラザフォード	11, 12
ラジカル	133, 182
ラプラシアン	29
理想気体	65
律速段階	166
立体因子	152, 153
粒子性	18, 19
リュードベリ定数	14, 17
量子	
——化	27
——化エネルギー	83
——数	16, 27
量子数	
回転——	81
磁気——	29
主——	29
振動——	79
スピン——	32
方位——	29
りん光	174
リンデマン	184
ルイス	37
——の電子式	37, 38
ル・シャトリエ	126
ルシャトリエの原理	126
励起	16, 48
レーザー	94
レナード・ジョーンズのポテンシャル	59
連鎖反応	133, 182
連続反応	164
ロンドン力	58

◆著者略歴◆

原　公彦（はら　きみひこ）
1940年北海道生まれ．1966年京都大学大学院理学研究科化学専攻修士課程修了．1969年京都大学大学院博士課程単位修得退学．前 京都大学大学院教授．理学博士．

米谷　紀嗣（こめたに　のりつぐ）
1969年大阪府生まれ．1997年京都大学大学院理学研究科化学専攻後期博士課程修了．現在，大阪市立大学大学院工学研究科化学生物系専攻教授．理学博士．

藤村　陽（ふじむら　よう）
1962年東京都生まれ．1991年東京大学大学院理学系研究科相関理化学専攻博士課程修了．現在，神奈川工科大学基礎・教養教育センター教授．理学博士．

ベーシック物理化学

2008年9月20日　第1版第1刷　発行	
2022年2月10日　　　　　第12刷　発行	

検印廃止

JCOPY〈出版者著作権管理機構委託出版物〉

本書の無断複写は著作権法上での例外を除き禁じられています．複写される場合は，そのつど事前に，出版者著作権管理機構（電話 03-5244-5088，FAX 03-5244-5089，e-mail: info@jcopy.or.jp）の許諾を得てください．

本書のコピー，スキャン，デジタル化などの無断複製は著作権法上での例外を除き禁じられています．本書を代行業者などの第三者に依頼してスキャンやデジタル化することは，たとえ個人や家庭内の利用でも著作権法違反です．

著　者　原　　公彦
　　　　米谷　紀嗣
　　　　藤村　　陽

発行者　曽根　良介
発行所　㈱化学同人

〒600-8074　京都市下京区仏光寺通柳馬場西入ル
編集部　TEL 075-352-3711　FAX 075-352-0371
営業部　TEL 075-352-3373　FAX 075-351-8301
　　　　振　替　01010-7-5702

e-mail　webmaster@kagakudojin.co.jp
URL　https://www.kagakudojin.co.jp
印刷・製本　　(株)ウイル・コーポレーション

Printed in Japan　©　K. Hara, N. Kometani, Y. Fujimura　2008　　ISBN978-4-7598-1150-6
乱丁・落丁本は送料小社負担にてお取りかえいたします．無断転載・複製を禁ず

付　表

基本定数

	記号	数値
電子の静止質量	m_e	9.109×10^{-31} kg
陽子の静止質量	m_p	1.673×10^{-27} kg
中性子の静止質量	m_n	1.675×10^{-27} kg
電気素量	e	1.602×10^{-19} C
真空の誘電率	ε_0	8.854×10^{-12} C^2 J^{-1} m^{-1}
真空中の光の速度	c	2.998×10^8 m s^{-1}
ボーア半径	a_0	5.292×10^{-11} m
リュードベリ定数	R_H	1.097×10^5 cm^{-1}
プランク定数	h	6.626×10^{-34} J s
アボガドロ定数	N_A	6.022×10^{23} mol^{-1}
気体定数	R	8.314 J K^{-1} mol^{-1}
ボルツマン定数	$k_B = R/N_A$	1.381×10^{-23} J K^{-1}
$4\pi\varepsilon_0$		1.113×10^{-10} C^2 J^{-1} m^{-1}
$k_B T$（25 ℃）		4.116×10^{-21} J
RT（25 ℃）		2.479 kJ mol^{-1}
摂氏 0 度		273.15 K
理想気体のモル体積（1 bar, 0 ℃）		22.711×10^{-3} m^3 mol^{-1}

エネルギー単位の換算

	J	kJ mol^{-1}	cm^{-1}	eV
1 J	1	6.022×10^{20}	5.034×10^{22}	6.242×10^{18}
1 kJ mol^{-1}	1.661×10^{-21}	1	8.359×10	1.036×10^{-2}
1 cm^{-1}	1.986×10^{-23}	1.196×10^{-2}	1	1.240×10^{-4}
1 eV	1.602×10^{-19}	9.649×10	8.066×10^3	1

SI 以外でよく使われる単位

オングストローム（長さ）	Å	$1\,\text{Å} = 10^{-10}\,\text{m}$
リットル（体積）	l, L	$1\,\text{L} = 10^{-3}\,\text{m}^3\ (= \text{dm}^3)$
バール（圧力）	bar	$1\,\text{bar} = 10^5\,\text{Pa}$
アトム（圧力）	atm	$1\,\text{atm} = 1.013 \times 10^5\,\text{Pa}\ (= 1013\,\text{hPa})$
カロリー（エネルギー）	cal	$1\,\text{cal} = 4.184\,\text{J}$
デバイ（双極子モーメント）	D	$1\,\text{D} = 3.335 \times 10^{-30}\,\text{C\,m}$

SI 接頭語

10^{-1}	デシ	d	10	デカ	da
10^{-2}	センチ	c	10^2	ヘクト	h
10^{-3}	ミリ	m	10^3	キロ	k
10^{-6}	マイクロ	μ	10^6	メガ	M
10^{-9}	ナノ	n	10^9	ギガ	G
10^{-12}	ピコ	p	10^{12}	テラ	T
10^{-15}	フェムト	f	10^{15}	ペタ	P
10^{-18}	アト	a	10^{18}	エクサ	E
10^{-21}	ゼプト	z	10^{21}	ゼタ	Z
10^{-24}	ヨクト	y	10^{24}	ヨタ	Y

ギリシャ文字

アルファ	A	α	イオタ	I	ι	ロー	P	ρ
ベータ	B	β	カッパ	K	κ	シグマ	Σ	σ
ガンマ	Γ	γ	ラムダ	Λ	λ	タウ	T	τ
デルタ	Δ	δ	ミュー	M	μ	ウプシロン	Y	υ
イプシロン	E	ε	ニュー	N	ν	ファイ	Φ	ϕ
ゼータ	Z	ζ	グザイ	Ξ	ξ	カイ	X	χ
イータ	H	η	オミクロン	O	o	プサイ	Ψ	ψ
シータ	Θ	θ	パイ	Π	π	オメガ	Ω	ω